Julien Backhaus mit Michael Jagersbacher

ERFOLG

Was Sie von den Super-Erfolgreichen lernen können

»Julien Backhaus ist ein ›Menschenfänger‹, welcher es mit diesem Buch verstanden hat, eine große Bandbreite von unterschiedlichen Persönlichkeiten in ihrer ›Echtheit‹ zu beschreiben. Tauchen Sie ein und finden Sie Ihr (fehlendes) Puzzleteil zur Perfektion Ihrer Persönlichkeit.«

Urs Meier, ehem. FIFA-Schiedsrichter und ZDF-Fußballexperte

»Julien Backhaus hat die Besten zum Thema Erfolg befragt. Hier ist das Buch dazu. Absolut lesenswert! Ich liebe es!«

Andreas Buhr, Unternehmer, Redner, Autor

»Julien Backhaus versteht es, Erfolgsprinzipien auf den Punkt zu bringen. Einer der wenigen, die das nüchtern beherrschen.«

Alex Fischer, Immobilieninvestor und Autor des Bestsellers »Reicher als die Geissens«

» Julien Backhaus ist ein kluger Kopf, der Vorbild und Idol einer ganzen Generation geworden ist.«

Hermann Scherer, Speaker, Businessexperte und Autor des Buches »Glückskinder«

»Dieses Buch ist voll von super Beispielen, wie Gewinner denken. Ein sehr lesenswertes Werk von Julien Backhaus, den ich sehr schätze. Er ist ein begnadeter Netzwerker und wirkliches Vorbild.«

Bodo Schäfer, Autor von »Der Weg zur Finanziellen Freiheit«

»Julien Backhaus liefert mit diesem Buch den Schlüssel des Erfolges. Niemand kommt näher an die »Big Player« heran als er.«

Tobias Beck, Erfolgstrainer und Autor von »Unbox your Life«

»Zum einen führen die immer gleichen Muster zum Erfolg, zum anderen ist Erfolg stets etwas sehr Individuelles. Dieses faszinierende Doppelgesicht hat Julien Backhaus in genialer Weise herausgearbeitet, sodass sein Buch wirklich jeden auf seinem persönlichen Erfolgs-Weg weiterbringt. «

Jörg Löhr, Management- und Persönlichkeitstrainer

»Julien Backhaus hat als Unternehmer unter Beweis gestellt, dass er weiß, worum es geht, wenn er über Erfolg spricht. Dieses Buch ist im besten Wortsinn ein positives Ergebnis seiner Bemühung.«

Frank Schäffler, Mitglied des Bundestages,
Autor des Buches »Nicht mit unserem GELD!«

JULIEN BACKHAUS
MIT MICHAEL JAGERSBACHER

ERFOLG
ERFOLG
ERFOLG

Was Sie von den
Super-Erfolgreichen lernen können

Bibliografische Information der Deutschen Nationalbibliothek
Die Deutsche Nationalbibliothek verzeichnet diese Publikation in der Deutschen Nationalbibliografie. Detaillierte bibliografische Daten sind im Internet über http://dnb.d-nb.de abrufbar.

Für Fragen und Anregungen
info@finanzbuchverlag.de

1. Auflage 2018

© 2018 by FinanzBuch Verlag, ein Imprint der Münchner Verlagsgruppe GmbH
Nymphenburger Straße 86
D-80636 München
Tel.: 089 651285-0
Fax: 089 652096

Redaktion: Petra Holzmann
Umschlaggestaltung: Marc-Torben Fischer
Satz: Daniel Förster
Druck: GGP Media GmbH, Pößneck
Printed in Germany

ISBN Print 978-3-95972-152-3
ISBN E-Book (PDF) 978-3-96092-276-6
ISBN E-Book (EPUB, Mobi) 978-3-96092-277-3

Weitere Informationen zum Verlag finden Sie unter

www.finanzbuchverlag.de

Beachten Sie auch unsere weiteren Verlage unter www.m-vg.de

INHALT

VORWORT

VON HARALD GLÖÖCKLER

Wenn man oder ein Mann seine Firma, seine Produkte unter dem Synonym ERFOLG vermarktet, dann ist man(n) sicher nicht ganz normal. Dazu möchte ich zugleich bemerken, dass »nicht normal zu sein« der eigentliche Normalzustand des Menschen ist. Wir alle sind göttlich – zumindest tragen wir eine göttliche DNA in uns. Geboren mit der Seele und dem Wissen eines Riesen, eines Giganten, werden wir in die Körper von Zwergen gepresst. Was muss das für ein Schock, ein Trauma sein.

Aber als wäre das nicht genug, wird uns der letzte Funken des Bewusstseins unserer Großartigkeit systematisch ausgetrieben. Seit Jahrhunderten betreiben die Obrigkeiten von Kirche und Staat eine große Wäscherei. Nämlich die zur Gehirnwäsche der Untertanen. Man bläute uns immer und immer wieder ein, wir seien klein, unwichtig und Gott fern. Um Gott wieder nahe zu kommen, sei es vonnöten zu beten, zu bitten, auf Knien nach Lourdes zu rutschen, in Armut zu leben und von dem Bisschen, was einem noch übrig blieb, nachdem einen Staat und Kirche ausgiebig geschröpft hatten, konnte man kaum existieren geschweige denn ein erfolgreiches Leben führen. Man war so sehr damit beschäftigt zu überleben, anstatt sich weiterzuentwickeln, dass ein Erfolg als Resultat oder Konsequenz eines zielgerichteten Handelns unmöglich war. Zu einem zielgerichteten Handeln gehören zudem Träume und Visionen, und eben jene werden von einer immerwährenden Armut gnadenlos verschluckt. Denn Armut ist destruktiv und wider die Natur, denn die Natur strebt zu Überfluss und Fülle. Leider leben auch heute wieder viele Menschen in bitterer Armut fernab jeglicher Hoffnung, Träume und Visionen haben sie längst begraben. Im Gegensatz zu früher leben wir heute jedoch in einer Zeit des »Erwachens«!

Immer mehr Menschen beginnen sich ihrer selbst zu erinnern, werden sich ihrer Einmaligkeit bewusst und durchbrechen die Barrieren der Unterdrückung. Heute wissen wir, dass es sehr wohl möglich ist, ERFOLG zu generieren, egal unter welchen Voraussetzungen. In der Zeit von Social Media, von Twitter, Instagram und Facebook springen einem die Informationen regelrecht ins Auge. So mir eines Tages, als mich zum ersten Mal ein Post von Julien Backhaus geflasht hat. Ich bin ja einiges gewohnt, aber das hat mich umgehauen. Da präsentiert sich ein durchaus gutaussehender, smarter Mann, das muss ich schon sagen, im gediegenen Hamburger »Reiche Leute Look«, selbstredend altes Geld, nicht neureich, vor einem Privatjet und über all dem steht in riesigen Lettern ERFOLG!

Ich dachte mir: »Wow, der traut sich was, der Kerl hat, wie man so schön sagt, Eier«!

Mein Interesse war geweckt und ich betrachtete mir seine Social-Media-Seite etwas genauer, und was mir da an Motivation und Power entgegensprang, faszinierte mich zutiefst. Klare, knallharte Statements zu Erfolg, Reichtum und dem Weg dahin, dazu wertvolle Tipps, hochkarätige Gesprächspartner, gepaart mit sensationellen, professionellen Fotos. Kurz darauf hatte ich das große Vergnügen, Julien persönlich kennenzulernen; wir sprachen über mein Buch *Fuck you, Brain!* im Ritz Carlton in Berlin. Seither liebe und schätze ich diesen Mann wie einen Bruder im Geiste. Lieber Julien, bleibe wie du bist, wir brauchen Menschen wie dich, die sich was trauen, uns aufrütteln, zum Träumen bringen, zu Visionen anregen und uns unsere Großartigkeit, Einmaligkeit und die damit verbundenen Möglichkeiten vergegenwärtigen.

Harald Glööckler

»Erfolg ist für jeden planbar und machbar und hat weniger mit Glück, als vielmehr mit Einstellung und Handlungsstärke zu tun. Erfolgsverleger Julien Backhaus präsentiert prominente Protagonisten und ihre wichtigsten Erfolgsprinzipien inklusive einfacher, praktischer Coachingtipps. Ein vergnüglicher Lesegenuss und Think Tank für Anfänger, Fortgeschrittene und Meister. «

Prof. Dr. Lothar Seiwert, Certified Speaking Professional (CSP),
Global Speaking Fellow (GSF), Autor von »Wenn du es eilig hast, gehe langsam«

»Wie ich vom „Kenner" zu Könner' wurde? Indem ich von anderen gelernt habe. Und genau das bietet dieses besondere Buch nun jedem, der nicht nur wissen will, WAS man alles schaffen kann, sondern auch endlich lernen will, WIE man es schafft.«

Dr. Biyon Kattilathu, Entertainer & Influencer

»Julien Backhaus versteht es auf charmante Art, den Erfolgreichen dieser Welt ihre jeweils individuellen Erfolgsgeheimnisse zu entlocken. Eine wahre Quelle der Inspiration, wo jeder Leser Anregungen für seinen ganz eigenen Erfolgsweg finden wird. «

Dirk Müller, Finanzexperte und mehrfacher Bestsellerautor

»Julien hat mit diesem Buch etwas auf den Punkt gebracht, was viele nicht hören wollen: Für Erfolg musst du dir den Arsch aufreißen.«

Marcel Remus, Luxus-Immobilienmakler und Lifestyle-Unternehmer

»Ich kann dieses Buch von Julien jedem wärmstens ans Herz legen. Er hat nicht nur mit vielen erfolgreichen und prominenten Menschen zusammengearbeitet, sondern besitzt selbst ein mehr als profundes Wissen im Hinblick auf Erfolg. Und – das Allerwichtigste: Er lebt den Erfolg mit seinen Unternehmungen selber vor.«

Jürgen Höller, Autor des Nr. 1 Bestsellers » Sprenge deine Grenzen«

»Julien hat es sich zur Aufgabe gemacht, erfolgreiche Unternehmer zu befragen. Von ihnen kannst du viel lernen, und du solltest möglichst viele solche Menschen in deinem Umfeld haben.«

Gerald Hörhan, Der Investmentpunk und Bestsellerautor

»Da ich Julien seit mehreren Jahren kenne und auch mit ihm zusammenarbeite, kann ich sagen, dass er das Wissen, welches er in diesem Buch weitergeben will, selbst erfolgreich anwendet. Ein Beweis für mich, dass dieses Buch für all diejenigen geeignet ist, die noch weiter wachsen möchten und eben nicht aufgeben!«

Jo Weil, Schauspieler

EINLEITUNG

ERFOLG

M it 18 habe ich damit begonnen, von den erfolgreichsten Menschen der Welt zu lernen. Am Anfang noch nicht persönlich, ich habe mir vielmehr Bücher gekauft, die entweder von Super-Erfolgreichen geschrieben wurden oder von ihnen handelten. Mich haben schon immer überdurchschnittliche Leistungen angezogen, das gebe ich zu. Und mir ist bewusst, dass das nicht jedem so geht. Es gibt eben unterschiedliche Lebensentwürfe und Absichten. Das macht aus dieser Welt einen bunten und vor allem funktionierenden Ort. Irgendwie fügt sich alles zu einem großen Ganzen zusammen.

Nachdem ich sechs Jahre in der Marketingbranche selbstständig war, habe ich mit 24 Jahren einen Zeitschriftenverlag gegründet und meine erste Zeitschrift auf den Markt gebracht. Später kamen dann noch eine zweite und dritte dazu sowie weitere Medienangebote. Dies eröffnete mir eine einzigartige Gelegenheit: Ich konnte mit den erfolgreichsten Menschen Deutschlands und der Welt sprechen und herausfinden, ob die

Prinzipien, von denen ich in den Büchern zuvor gelesen hatte, auch in der Realität erfolgreich waren. Ich begann, regelmäßig Termine zu vereinbaren mit solchen Menschen, die die meisten nur aus dem Fernsehen oder Kino kennen. Sehr viele dieser Interviews wurden im *ERFOLG Magazin* abgedruckt.

Nachdem mich in den letzten Jahren gefühlt Tausende Menschen darum gebeten haben, die Erkenntnisse aus all diesen Gesprächen in einem Buch zusammenzufassen, will ich diesem Wunsch nun gerne nachkommen. Da es nicht möglich war, all diese Gespräche in einem Buch unterzubringen, habe ich mich gefragt, welche Themen im Bereich Erfolg in der Rangordnung ganz oben auf der Liste stehen. Die obersten zehn Punkte sind im vorliegenden Buch in einzelnen Kapiteln verarbeitet. Dazu habe ich meine Gespräche mit den Super-Erfolgreichen analysiert und solche herausgefiltert, die besonders für einen dieser Punkte stehen. Ich stelle Ihnen also zu jedem Erfolgsprinzip ein Paradebeispiel eines Super-Erfolgreichen vor.

Weil ich wollte, dass Sie als Leser das Maximum aus diesem Buch ziehen können, habe ich meinen guten Freund Michael Jagersbacher gebeten, mich bei diesem Buch zu unterstützen. Er ist ein ausgewiesener Coach und Trainer in der Erwachsenenbildung in Österreich. Michael hat bereits Tausenden dabei geholfen, Erfolgsprinzipien nicht nur zu verstehen, sondern sie anschließend auch in die Tat umzusetzen. Ich bin davon überzeugt, dass die Prinzipien in diesem Buch Ihnen am meisten nützen, wenn Sie auch lernen, sie anzuwenden. Nehmen Sie sich also die Tipps vom Coach in den folgenden zehn Kapiteln zu Herzen. Übrigens haben wir noch Dutzende weiterer Erkenntnisse von Super-Erfolgreichen inklusive Checklisten und Selbsttests exklusiv und kostenlos auf der Website www.erfolgbuch.de für Sie als Leser zusammengestellt.

Was braucht man nun, um nachhaltig erfolgreich zu sein? Bitte bedenken Sie, dass mit dem Begriff Erfolg nicht nur die Wörterbuch-Definition »positives Ergebnis einer Bemühung« gemeint ist. Wir verstehen unter Erfolg einen »ganzheitlichen«, soll heißen in allen Lebensbereichen stattfindenden Erfolg. Was wäre es für ein Leben, wenn Sie im Beruf zwar wahnsinnig Erfolg haben, aber Ihre Beziehung und Ihre körperliche und geistige Gesundheit im Eimer sind? Natürlich werden Sie stets einem übergeordneten Bereich die Priorität geben, sodass sich andere Bereiche unterordnen. Aber es sollte Ihr Ziel sein, in allen Bereichen zu wachsen. Und für dieses Ziel benötigen Sie Erfolgsprinzipien, die Sie in diesem Buch vorfinden. Die Schlagwörter dafür sind:

1. **Leidenschaft:** Sie müssen Ihre wahren Leidenschaften kennen. Die Emotionen sind die treibende Kraft in unserem Leben. Wir brauchen sie als Verbündete auf dem Weg zum Erfolg. Nur dann sind wir in der Lage, die Hürden zu überwinden, und nur dann werden wir den Wunsch im Herzen spüren, etwas erreichen zu wollen.

2. **Entscheidung:** Die Leidenschaft vermittelt uns das Verlangen, den Erfolg anzustreben. Die Entscheidung hilft uns dabei, den Weg auch konsequent zu gehen. Denn die besagten Hürden wirken wie Prüfungen, die wir nur

dann bestehen können, wenn wir vorher eine glasklare Entscheidung getroffen haben.

3. **Mut:** Etwas zu tun, erfordert Mut. Entweder, weil wir das, was wir tun wollen, uns bisher nicht getraut haben zu tun, oder weil es etwas ist, was wir noch nicht können. Auch die möglichen Konsequenzen können uns zurückschrecken lassen, es nicht zu tun. Mut bedeutet, Dinge trotz der mit diesen Dingen zusammenhängenden Angst zu tun. Diese Angst gilt es, in den Griff zu bekommen – und nicht abzuschaffen. Wächst der Mut, fällt die Angst immer weniger ins Gewicht.

4. **Herausforderungen:** Wenn Sie verstanden haben, dass das ganze Leben aus Herausforderungen besteht, lässt es sich unbeschwerter leben. Nur Versager nehmen Herausforderungen im Leben als Ausrede, nicht erfolgreich zu werden. Sehen Sie sich die Menschen an, die etwas zustande gebracht haben. Allesamt haben sie Herausforderungen stets angenommen und diese angeblichen Stolpersteine dazu verwendet, einen Weg zu pflastern.

5. **Authentizität:** Erfolgreich werden Sie dann, wenn Sie ehrlich sind. Wenn Sie sich nicht verstellen und Sie selbst sind. Die Menschen merken, ob Sie versuchen, eine Rolle zu spielen. In der Regel wird man sie Ihnen nicht abnehmen. Irgendwann werden Sie sich wundern, warum sich der Erfolg bei Ihnen nicht einstellen will – oft liegt es daran, dass Sie nicht Sie selbst sind.

Sie müssen sich nicht für Ihre Persönlichkeit schämen. Es hat seinen Grund, warum Sie sind, wer Sie nun mal sind. Mit all den Ecken und Kanten. Nur Nullen haben keine. Stehen Sie also zu sich, samt all Ihrer Stärken und Schwächen.

6. **Geld:** Sofern Sie nicht in einer abgelegenen Berghütte wohnen, wird Geld für Sie einen hohen Stellenwert im Leben haben. Zumindest aus dem Blickwinkel heraus, dass jeder welches von Ihnen will. Aber es geht im Leben nicht nur darum, seine Rechnungen bezahlen zu können. Es geht auch darum, sich zu sagen, dass man es selbst wert ist, Geld zu haben. Irgendwann sind die Menschen dazu übergegangen, nicht mehr Muscheln oder Esel zu tauschen, sondern Geld dafür zu nutzen. Seit dieser Zeit besitzt Geld eine mystische Aura, die Sie lüften sollten. Doch Geld ist immer noch ein Tauschmittel. Je höher der Wert ist, den Sie beitragen, desto mehr Geld wird Ihnen zufließen.

7. **Marke:** Wenn Sie etwas erreichen wollen, was außerhalb Ihres persönlichen Wirkungskreises liegt, brauchen Sie einen Namen, den man kennt. Sie müssen sich sprichwörtlich einen Namen machen. Man sollte Ihren Namen mit etwas in Verbindung bringen können – dadurch werden Sie zu einer wahrgenommenen Persönlichkeit und einer Marke. Man wird Ihnen mehr Gehör und auch Glauben schenken, wenn Sie öffentlich mit Ihrem Namen für etwas einstehen.

8. **Selbstdisziplin:** Auch wenn es niemand gerne hört, aber ohne Disziplin gelangen wir in der Regel nicht an ein Ziel. Wir sollten Disziplin aber nicht als negativ oder gar bestrafend wahrnehmen. Es ist vielmehr Ihre ganz freie Wahl und Entscheidung, ob Sie etwas konsequent verfolgen. Wollen Sie ein Blatt im Wind und Opfer Ihrer Umstände sein, oder wollen Sie das Heft in der Hand halten und bestimmen, wohin die Reise geht? Das ist alles, worum es bei Disziplin geht. Sie ziehen zuvor getroffene Entscheidungen gnadenlos durch. Aus Respekt vor sich selbst.

9. **Humor:** Was wäre all das, wenn wir es nicht mit einer Prise Humor nehmen würden? Humor ist die Fähigkeit, auch schwere Situationen zu relativieren und sich zu entspannen. Lachen ist bekanntlich sehr gesund, weil es das Immunsystem stärkt. Aber schon ein Lächeln bringt Ihnen positive Gefühle und damit Energie zurück, die Sie auf dem Weg zum Erfolg unbedingt benötigen. Es geht beim Erfolg nicht nur darum, etwas krampfhaft zu verfolgen, sondern auch darum, diese Reise zu genießen.

10. **Veränderungen:** Manchmal ändert sich die Welt schneller, als einem lieb ist. Im einen Moment war man noch eingebettet in die perfekten Umstände, im nächsten Moment steht auf einmal alles Kopf. Das reicht von Alltagssituationen bis hin zu Lebenskrisen. Diesen ständigen Veränderungen müssen wir uns stellen und

erfolgreich und gestärkt aus ihnen vorgehen. Mehr noch: Wir müssen Kapital aus ihnen schlagen. Sehen Sie Veränderungen nicht als etwas, was Ihnen den Weg in Richtung Erfolg versperrt. Sehen Sie sie als Chance, einen neuen Weg zu gehen. Sie brauchen die Stärke, etwas zu ändern, was Sie ändern können. Sie brauchen die Gelassenheit, um Dinge hinzunehmen, die Sie nicht ändern können. Und Sie brauchen die Weisheit, beides voneinander zu unterscheiden.

Die Prinzipien in diesem Buch besitzen das Potenzial, Ihr Leben für immer zu verändern. Schließlich haben sie das Leben der Personen für immer verändert, die Sie gleich kennenlernen werden. Jene sind dadurch zu Super-Erfolgreichen geworden. Theoretisch könnten Sie diese Formeln einfach auf Ihr Leben übertragen und sie anwenden, um ebenfalls ein Super-Erfolgreicher zu werden. Ob Sie bereit sind, auch die Konsequenzen auf sich zu nehmen, wird sich bald zeigen. Los geht's.

© privat

© Paul Kuchel

© ismail gök

© privat

© Christian Holthausen

© ismail gök

LEIDENSCHAFTLICH

WIE DIE KAULITZ-BRÜDER VON TOKIO HOTEL

Wenn der Schwanz mit dem Hund | Leidenschaft schafft Leiden |
Raus aus der Konventionszone | Erwartungen von anderen müssen
warten | Kompromisslos ehrlich | Vom Fischer und dem Manager |
Leben ohne Reue | Das eigene Talent

*D*er französische Schriftsteller Nicolas Chamfort hat den Begriff der Leidenschaft sehr gut auf den Punkt gebracht: »Durch die Leidenschaften lebt der Mensch, durch die Vernunft existiert er bloß.« Dieses ungewöhnliche Zitat aus dem 18. Jahrhundert ist durchaus als modern anzusehen, schließlich wissen wir seit dem Fortschreiten der Neurowissenschaften, dass Emotionen eine große Rolle in unserem Denken spielen. Der portugiesische Hirnforscher António Damásio hat in seinem Buch *Ich fühle, also bin ich* den Gefühlen und Emotionen ihren verdienten Platz in der Wissenschaft eingeräumt. Dieser befinde sich auf Augenhöhe mit der Vernunft; die Bedeutung der Emotionen sei sogar noch größer: Emotionen und Vernunft könnten gar nicht getrennt voneinander existieren.

Wenn der Schwanz mit dem Hund

Sie müssen nicht lieben, was Sie tun. Sie müssen tun, was Sie lieben. Es ist ein Unterschied, ob der Schwanz den Hund wedelt oder umgekehrt. Erfolg werden Sie nur erlangen, wenn Sie Ihrer Leidenschaft folgen. In jedem Menschen brennt dieses Feuer der Begeisterung.

Die eigene Leidenschaft zu identifizieren, ist manchmal eine Kunst, die viele Menschen zu ihren Lebzeiten nicht zustande bringen. Es geht nicht nur um das Interesse an etwas – es geht vielmehr um einen emotionalen Anker, um eine Passion. Es geht um etwas, was Ihnen Leiden verursacht, wenn Sie es nicht ausleben können. Was bedeutet Ihnen so viel, dass alles andere nebensächlich erscheint? – Man könnte es sogar mit Liebe vergleichen. – Was ist Ihnen im Leben so wichtig, dass Sie ohne nicht leben könnten? Dafür wurden Sie geboren und es ist Ihre Aufgabe, es zu finden, bevor Sie sterben. Sie können gar nicht genug Zeit darauf verwenden, sich mit Ihrem Lebensinhalt auseinanderzusetzen.

Leidenschaft schafft Leiden

Die Leidenschaft der Zwillinge Bill und Tom Kaulitz war schon immer die Kunst – genauer gesagt die Musik. Seitdem die Brüder Kinder waren, waren sie von Musik fasziniert und haben selbst welche gemacht.

Bald gründeten sie ihre erste Band »Black Questionmark«, mit der sie bei kleinen Festlichkeiten auftraten. Die Musik war ihr Leben, nichts anderes war wichtig. Früh zeigte sich, dass sie vom Typus her echte Künstler waren: detailversessen in der Musik, unangepasstes Äußeres – erinnern Sie sich an ihre Kleidung, ihre Schminke und ihre Frisuren. Und sie waren freiheitsliebend. Niemand sollte ihnen sagen, was sie zu tun und zu lassen hätten. Das brachte ihnen später viele Konflikte mit Plattenfirmen und Managern ein. Sony BMG kündigte sogar kurz vor ihrem großen Durchbruch den Vertrag. Dann wurde Universal das neue Zuhause der Band, die fortan »Tokio Hotel« hieß.

Bill Kaulitz darüber: »Wir hatten schon immer ein Autoritätsproblem. Wir haben immer sehr darum gekämpft, alles mitzubestimmen. Bei den Firmen waren wir unbeliebt – wir waren die komplizierte Band. Aber aufgrund unseres Erfolges konnten wir uns das leisten.«[1]

Raus aus der Konventionszone

Gesellschaftliche Konventionen waren den Kaulitz-Brüdern egal. Sie wollten ihre Leidenschaft ausleben. Sie wussten, was sie wollten: Musik machen und andere damit begeistern. Nachdem die Jungs aus Magdeburg alle Erfolge eingefahren hatten, die es zu holen gab – darunter Platin-, Doppelplatin- und Dreifachgold-Alben, Auszeichnungen wie Bambi, Echo, World Music Award, MTV Award und über zehn Millionen verkaufte Platten, gingen sie 2010 nach Los Angeles. Reich, talentiert, jung – eigentlich hatten sie alles erreicht, was man sich als Künstler wünschen kann. Doch die Kaulitz-Brüder legten einen zweiten Berufsabschnitt nach – noch individueller und selbstbestimmter.

Erwartungen von anderen müssen warten

Wenn Sie leidenschaftlich an Ihrem Erfolg arbeiten, wird der Punkt kommen, an dem man Sie als erfolgreich abstempelt. Es wird sich so anfühlen, als erwarte man gewisse Dinge von Ihnen. In diese Falle dürfen Sie nicht tappen, denn es ist Ihr Leben. Niemand darf bestimmen, was Sie zu tun haben oder wie Sie sich verhalten müssen. Der einzige Mensch, den Sie zufriedenstellen müssen, sind Sie selbst. Auch hier müssen Sie ehrlich zu sich sein und sich notfalls gegen Ihr Umfeld mit seinen Erwartungen behaupten. Deshalb haben die Kaulitz-Brüder vor vielen Jahren der Musikindustrie den Mittelfinger gezeigt und wieder ihr ganz eigenes Ding gemacht. Sie wollten glücklich sein, nicht andere zufriedenstellen.

»Ich könnte dir so viele Mails zeigen, in denen Leute schreiben, dass wir Karriere-Selbstmord begehen. Aber wir wollen nicht sein wie Pink oder Avril Lavigne, die heute immer noch dasselbe machen wie am Anfang. Bei uns gibt es keine Trennlinie zwischen Privat und Beruf. Wir sind unsere Musik.«[2]

Deshalb schreiben sie heute ihre Songs wieder selbst, produzieren die Musik im Alleingang und verzichten auf ein Management. Sie verwirklichen sich selbst als Künstler und trachten nach dem Maximum an Freiheit.

Kompromisslos ehrlich

Die Kaulitz-Brüder wollten Musik machen, und zwar ohne Kompromisse. Der enorme Kommerz drum herum gehörte nicht zu ihren übergeordneten Zielen.

Seiner Leidenschaft zu folgen, bedeutet auch, ehrlich zu sich selbst zu sein. Was wollen Sie und was wollen Sie nicht? Dafür müssen Sie stets bereit sein, Entscheidungen zu treffen.

Folgendes haben erfolgreiche Menschen gemeinsam: Sie können ihre eigene Situation aus der Vogelperspektive betrachten und feststellen, ob sie glücklich sind mit dem, was sie sehen. Sie zögern auch nicht, aus der Antwort die Konsequenzen zu ziehen und zu handeln. Im Idealfall maximiert Ihre Leidenschaft Ihre Lebensqualität, deshalb müssen Sie die gleiche schonungslose Ehrlichkeit an den Tag legen. Wer sich in die eigene Tasche lügt, wird niemals seine langfristigen Ziele erreichen. An diesem Punkt treffen Leidenschaft und Erfolg aufeinander. Man kann äußerlich sehr erfolgreich sein, aber innerlich keine Erfüllung erleben. Dies ist auch der Grund, weshalb es Top-Manager gibt, die plötzlich ein abgelegenes Weingut kaufen und sich völlig aus dem Geschäftsleben zurückziehen. Als Außenstehender schüttelt man darüber vielleicht den Kopf. Wenn es jedoch die Leidenschaft desjenigen ist, einem Weinstock beim Wachsen zuzusehen, dann sollte er diesem Herzenswunsch besser früher als später nachgeben. Und zwar unabhängig davon, was das Umfeld dazu meint.

Vom Fischer und dem Manager

Es gibt dazu diese schöne Geschichte vom Fischer und dem Manager:

Ein Fischer fährt jeden Tag mit seinem kleinen Boot aufs Meer und fängt zwei Fische. Das macht er Tag für Tag. Ein

Manager eines Weltkonzerns beobachtet ihn und spricht ihn an: »Weshalb fängst du eigentlich nur zwei Fische? Du könntest mehr fangen und damit Geld verdienen.« Der Fischer gibt an, dass diese Fische für ihn und seine Familie ausreichen würden. »Was sollte ich denn mit dem zusätzlichen Geld machen?«, fragt er. Der Manager darauf: »Du könntest eine Firma gründen und Mitarbeiter einstellen, die noch mehr Fische für dich fangen und verkaufen. Du könntest so viel Geld verdienen, dass du dich zur Ruhe setzen könntest.« Der Fischer kratzt sich am Kopf: »Dann könnte ich ja machen, was ich gerne tue. Mit dem Boot aufs Meer fahren und Fische fangen.« Der Manager nickt: »Genau, das könntest du tun.« Da lacht der Fischer und entgegnet: »Das mache ich aber jetzt schon.«

Was von außen vielleicht nicht plausibel oder erfolgreich aussieht, kann für die betroffene Person ganz anders sein.

• • • • • • • • • • •

Fragen Sie sich: Welche Träume schiebe ich auf?

• • • • • • • • • • • • • • •

Leben ohne Reue

Wenn Sie Ihre Leidenschaft gefunden und zu Ihrem Lebensmittelpunkt gemacht haben, verfolgen Sie Ihre Werte und Ideale. Sobald Sie merken, dass etwas oder jemand Ihre Werte mit Füßen tritt, ziehen Sie einen Schlussstrich. Seien Sie konsequent und halten Sie Ihre Selbstachtung in Ehren. Trennen Sie sich von Menschen, die Ihre Leidenschaft nicht akzeptieren oder Ihnen reinreden wollen. Sie selbst sind der Architekt Ihres Lebens und Sie müssen letztlich auch die Verantwortung tragen. Denn am Ende Ihres Lebens möchten Sie doch nicht bereuen, dass Sie Dinge nicht getan haben?

Der viel beachtete Bestseller *5 Dinge, die Sterbende am meisten bereuen* von Bronnie Ware schlägt in diese Kerbe. Bronnie Ware hat jahrelang Sterbende auf ihrem letzten Weg begleitet und dokumentiert, was diese beschäftigt hat. Herausgekommen ist Folgendes:

1. Die Sterbenden haben es bedauert, nicht ihr eigenes Leben gelebt zu haben. Sie bereuten es, sich nach den Erwartungen von anderen gerichtet zu haben.

2. Sie wünschten sich, dass sie nicht so viel gearbeitet hätten. Sie hätten sich lieber ihren Leidenschaften hingeben sollen.

3. Sie bereuten es, viel zu häufig eine Rolle gespielt und viel zu selten wahre Gefühle gezeigt zu haben. Dies führte dazu, dass sie ein mittelmäßiges Leben geführt haben.

4. Die Sterbenden gaben an, dass sie gern mehr Zeit mit engen Freunden verbracht hätten.

5. Viele bereuten es, kaum Freude in ihr Leben gelassen zu haben. Sie hätten sich selbst zu wenig gegönnt.

Diese fünf Punkte greifen natürlich ineinander und können nicht isoliert betrachtet werden. Gefühle, Leidenschaft und das Streben nach einem glücklichen Leben sind die wichtigsten Werte am Ende des Lebens. Die Aussagen lassen auch vermuten, dass diese Menschen selbst Schritt für Schritt ihre Leidenschaft zum Erlöschen gebracht haben, um ein angepasstes Leben zu führen.

· · · · · · · · · · ·

Fragen Sie sich: An welchen Punkten sabotiere ich mich selbst?

· · · · · · · · · · · · · · ·

Das eigene Talent

Talent und Leidenschaft sind oft dasselbe. Wenn Sie zehn Menschen bitten, spontan ihr größtes Talent zu nennen, werden acht davon ins Stocken kommen. Es ist tragisch, dass so viele Menschen Jahre ihres Lebens verschwenden, ohne ihr Talent identifiziert und zum Beruf gemacht zu haben.

Viele machen den Fehler, unter Talent etwas Handwerkliches zu verstehen, zum Beispiel, dass jemand gut malen oder schreinern kann. Es gibt allerdings sehr viele »weiche« Talente, sogenannte Soft Skills.

Es ist nämlich ebenso ein echtes Talent, gut sprechen zu können, jemanden zum Lachen zu bringen, gut analysieren zu können, Zusammenhänge schnell zu erkennen, gut zuhören zu können, Details zu erkennen, begeistern oder überzeugen zu können, gut schreiben zu können, gut vorlesen zu können und so weiter und so fort. Aus jedem Talent, das ich Ihnen aufgezählt habe – und es gibt noch Tausende –, können Sie einen Beruf machen und Ihr Traumleben leben. Machen auch Sie einfach Ihr wahres Talent zum Beruf und leben Sie Ihre Leidenschaft!

Wenn Ihnen Ihr Talent nicht sofort auffällt, beobachten Sie ab sofort Ihr eigenes Verhalten. Im Alltag werden Sie am besten erkennen können, was Ihnen liegt. Oder bitten Sie andere, Ihnen bei der Analyse zu helfen. – Sie sollten das nicht auf die lange Bank schieben. Die Zeit vergeht wie im Fluge!

Scheitern ist keine Option

Um Ihre Leidenschaft und damit Ihr wahres Lebensziel zu finden, können Sie eine Methode wählen, die der Erfolgstrainer und Bestsellerautor Brian Tracy bei seinen Seminaren anwendet:

Stellen Sie sich vor, Sie könnten nicht scheitern. Stellen Sie sich vor, Sie sind in einer Verfassung, in der es unmöglich wäre zu scheitern. Alles, was Sie anpacken, gelänge Ihnen ausnahmslos. Was würden Sie dann tun?

Ihre Antwort auf diese Frage gibt Ihnen einen Einblick in Ihr Inneres. So fördern Sie Ihre wahren Leidenschaften und Träume zutage, die Sie sich aus Angst vor dem Versagen verwehren. Das sollten Sie aber nicht tun. Natürlich werden Sie bei allem im Leben auch Niederlagen einstecken müssen. So funktioniert die Welt nun einmal. Nur dürfen Sie einen Rückschlag nicht als das Ende betrachten. Er ist nur ein Stein, der Ihnen im Weg

liegt. Und Sie brauchen viele Steine, um etwas Schönes zu bau-
en. Erfolgreiche Menschen sehen Rückschläge als etwas völlig
Normales an auf dem Weg zum Erfolg. Es ist schlichtweg nicht
möglich, es zu etwas zu bringen, ohne dabei Lernmomente zu
haben. Ein etwas plumper, aber passender Spruch lautet: »Un-
terschätze niemals jemanden, der einen Schritt zurück geht. Er
könnte Anlauf nehmen.«

Coaching: Die Leidenschaft ermitteln

Ausprobieren

Wenn Sie noch nicht wissen, was genau Ihre Leidenschaft ist, rate ich Ihnen, Dinge einfach auszuprobieren. Der Rat klingt banal, aber testen Sie, testen Sie, testen Sie. Begeben Sie sich in ungewohnte Situationen und beobachten Sie, was diese in Ihnen auslösen. Wie geht es Ihnen dabei? Fühlt es sich gut an? Weshalb nicht, wenn die Antwort »Nein« ist?

Die Drei-Phasen-Methode

PHASE 1

Nehmen Sie sich bitte ein Blatt Papier und schreiben Sie so viele Werte wie möglich auf. Gerne können Sie dies mit anderen gemeinsam machen. Diese Phase ist die Sammel-Phase. Es wird so wenig wie möglich gewertet. Je mehr Begriffe Sie finden, desto besser. Ein kleiner Werteauszug:

- Sicherheit
- Abenteuerlust
- Großzügigkeit
- Selbstständigkeit
- Beständigkeit
- Gerechtigkeit

- Mut
- Dankbarkeit
- Gelassenheit
- Großmut
- Hilfsbereitschaft
- Harmonie

PHASE 2

Lassen Sie die Werte gegeneinander antreten. Was ist Ihnen wichtiger? Die Sicherheit oder die Abenteuerlust? Die Großzügigkeit oder die Selbstständigkeit? Dies nennt man einen »Entscheidungsbaum«. Am Ende bleibt der Wert übrig, der sich gegen alle anderen durchgesetzt hat.

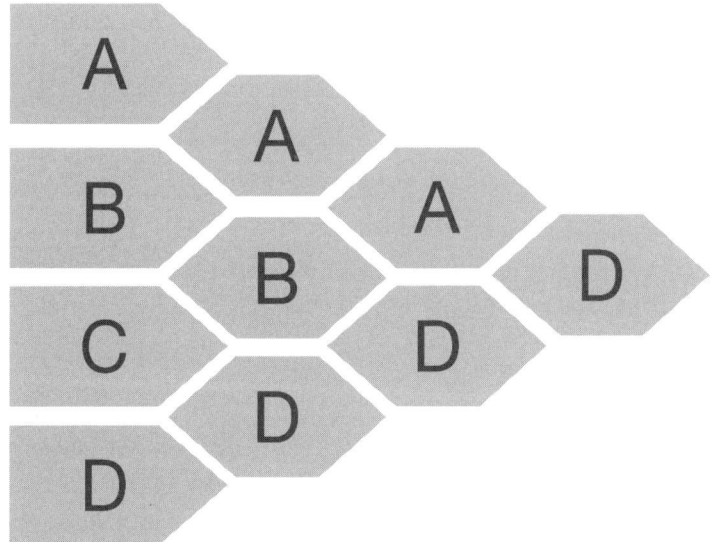

Wenn beispielsweise Hilfsbereitschaft Ihr wichtigster Wert ist, dann wird es Zeit, diesen genau zu definieren.

- Was bedeutet Hilfsbereitschaft für Sie?
- In welchen Situationen konnten Sie diesem Wert gerecht werden?
- Was fühlten Sie, wenn dieser Wert verletzt wurde?

PHASE 3

Jetzt gilt es zu prüfen, wie Sie die Hilfsbereitschaft in Ihrem Leben bereits verankert haben. Üben Sie beispielsweise einen Sozialberuf aus, dann ist dieser Wert ein fundamentaler Baustein für Ihr Wirken. Wenn dies nicht der Fall ist, sollten Sie sich fragen, wie Sie mehr Hilfsbereitschaft in Ihr Leben implementieren können – privat und beruflich. Denn nur, wenn eine Tätigkeit mit Ihren Werten übereinstimmt, können Sie Leidenschaft für etwas entwickeln.

Paradoxe Fragestellungen

Ein weiterer Weg, sich selbst auf die Schliche zu kommen, ist der mit paradoxen Fragestellungen. Manchmal bemerkt man die eigenen Werte erst, wenn sie verletzt werden. Diese Art des Fragens leitet Sie indirekt auf den richtigen Weg.

- Was hassen Sie an Ihrem Leben und weshalb?
- Wie könnten Sie Ihre Lebenszeit noch besser verplempern?
- Welche Schlachten in Ihrem Leben haben Sie gerne verloren?
- Welche Dinge würden Sie auf keinen Fall mit auf eine Insel nehmen?
- Wovon braucht die Welt keinesfalls mehr?
- Worauf haben Sie überhaupt keine Lust?
- Welche persönlichen Träume haben Sie bis dato erfolgreich verdrängt?

ENTSCHEIDUNGSFREUDIG

WIE OLIVER KAHN

Warum? Darum! | Der Umgang mit Hindernissen | Ziel versus Vision | Die Kraft der Vision | Preis und Werte | Der Weg ist nicht das Ziel | Zwischenschritte für den großen Sprung

Um erfolgreich zu sein, müssen Sie Entscheidungen treffen. Das sagt sich so leicht, es tun aber die Wenigsten. Der Grund: Viele Menschen haben sich nicht bewusst dazu entschieden, ein echtes Ziel aus einem Impuls, zum Beispiel einer Idee, zu machen. Eine Idee ist eine Idee, nicht mehr und nicht weniger. Doch ohne eine damit verbundene Zielsetzung fehlt uns der Antrieb, diese in die Realität zu überführen. Es bleibt lediglich bei einem ungezwungen Flirt mit einem Gedanken, ganz ohne Verbindlichkeit. Und wenn etwas unverbindlich ist, stellen wir keine emotionale Bindung her. Doch genau diese benötigen wir, um aus den Ideen Ziele zu machen und diese entschieden zu verfolgen. Eine ernst gemeinte Entscheidung basiert auf Ihren innersten Werten, die Ihrem Leben eine Struktur geben. Sie scheidet, im wahrsten Sinne des Wortes, den einen vom anderen Weg. Welchen Pfad schlagen Sie ein?

Warum? Darum!

Nur wenn Sie emotional hinter einer Idee stehen und Ihnen Ihr Ziel wirklich wichtig ist, können Sie eine echte Entscheidung treffen. Dazu müssen Sie keine Wie- oder Was-Frage stellen, sondern die Warum-Frage. Diese hilft Ihnen dabei, Ihr Ziel mit allen Mitteln zu verfolgen, falls der Weg steiniger wird als angenommen. Auch der Torwart-Titan Oliver Kahn analysiert: »Eine Vision lässt sich nicht mal eben nebenher verwirklichen, sondern fordert ein hohes Maß an persönlichem Engagement.«[1]

Eines muss auch klar sein: Wenn Sie sich für eine Sache entscheiden, entscheiden Sie sich gleichzeitig gegen eine andere. Sie können nicht auf mehreren Pfaden gleichzeitig gehen. Dies funktioniert meist nur eine kurze Zeit lang, aber irgendwann können Sie nicht gleichzeitig Top-Stürmer und Top-Torhüter werden. Sie müssen sich für einen Weg entscheiden und Ihre gesamte Energie darauf verwenden, Ihr selbst gestecktes Ziel zu erreichen.

Bill Gates und Warren Buffett waren einmal Ehrengäste auf einem Empfang und wurden gefragt, was das größte Geheimnis für ihren Erfolg sei. Beide antworteten gleichzeitig und beinahe synchron: »Fokus.«[2]

Warum braucht man eine echte Entscheidung, um zum Erfolg zu kommen? – Es ist wie beim Bergsteigen. Am unteren Ende des Berges gibt es einige ausgetretene Pfade vorausgegangener Wanderer und Bergsteiger, die Sie nutzen können. Es ist zwar anstrengend, aber kein Hexenwerk. Wenn Sie aber zum Gipfel aufsteigen wollen – den ganz großen Erfolg einfahren wollen –, erwartet Sie eine Tortur. Die Luft ist dünn, es gibt keine gekennzeichneten Wege, es fällt Gestein auf Sie herab, Schnee und Wind machen den Aufstieg beinahe unmöglich. Nur, wenn Sie zuvor eine echte Entscheidung getroffen haben, gehen Sie weiter.

Der Umgang mit Hindernissen

Im Leben stellen sich Ihnen immer Hindernisse in den Weg, wenn Sie ganz nach oben wollen. Das liegt in der Natur der Sache. Nur wer eine ernste und endgültige Entscheidung trifft, kann erfolgreich werden, wie Oliver Kahn. Dreimal Welttorhüter des Jahres, Kapitän der Nationalmannschaft und ausgezeichnet als bester Spieler einer Weltmeisterschaft wird man nicht aus Versehen. Seit der Weltmeisterschaft 2002 nannte man ihn den »Titan«. All diesen Erfolgen ging jedoch die ernste Entscheidung voraus – damals als junger Fußballamateur –, der beste Torhüter der Welt zu werden.

Ein Ziel ist nur ein definiertes Resultat mit einer Deadline. Wichtiger sind die Entscheidung und der Prozess, die uns zum Ziel führen!

Warum es wichtig ist, eine unumstößliche Entscheidung zu treffen, kann man in der Geschichte von Oliver Kahn erkennen. In seiner anfänglichen Karriere erlebte er viele Rückschläge und Niederlagen. Er wurde mangels Eignung mehrfach aus den Jugendmannschaften geworfen. Bei seinem ersten Bundesligaspiel kassierte er vier Tore und verlor mit seiner Mannschaft. Auch das zweite verlor er, weil er drei Bälle durchließ. Als er zum FC Bayern München wechseln konnte, war er durch eine Verletzung für mehrere Monate nicht spieltauglich. Aus heutiger Sicht – nachdem wir alle wissen, wie erfolgreich Kahn wurde –, können wir darüber nur schmunzeln. Aber wie leicht wäre es für den jungen Fußballer damals gewesen, sein großes Ziel aus den Augen zu verlieren. Wie hart muss es für ihn gewesen sein, mit dem Gegenwind umzugehen, als er seiner Mannschaft in den ersten Bundesligaspielen Niederlagen bescherte. Es muss schizophren gewirkt haben für jemanden, der der beste Torhüter der Welt werden wollte.

Aber in Kahns Geschichte steckt eine große Lektion. Nur durch die Entscheidung ganz am Anfang, allen Widrigkeiten zu trotzen, konnte er sein Ziel erreichen. Erfolgreiche Menschen wissen, dass es in einer dualistischen Welt nicht nur Erfolg geben kann. Es gibt Yin und Yang, hell und dunkel. Misserfolge gehören auf dem Weg zum Erfolg zwingend dazu. Wer versucht, Misserfolge unter allen Umständen zu vermeiden, sabotiert seinen eigenen Erfolg. Nur wer bereit ist, auch das Tal zu durchqueren, kann auf den Gipfel steigen.

Ziel versus Vision

Oliver Kahn beschreibt sehr gut, welche Erfolgsfaktoren wichtig sind: »Mir wurde immer wieder von Jugendlichen die Frage gestellt, wie ich denn so erfolgreich werden konnte. Und genau das gebe ich durch das ›Du packst es!‹-Programm weiter: Eine Vision definieren, konkrete Ziele und Teilziele setzen, tatsächlich den ersten Schritt gehen, sich Helfer suchen und vor allem lernen, mit Rückschlägen umzugehen – ein ganz wichtiger Bestandteil des Programms. Wir möchten vermitteln, dass Erfolg jede Menge Disziplin und harte Arbeit voraussetzt – und dafür braucht man eine große Portion Motivation.«[3]

Was unterscheidet ein Ziel von einer Vision? Sehr oft werden diese Begriffe deckungsgleich verwendet, aber ein Ziel ist ein Zustand, dessen Erfüllung wir anstreben. Gleichzeitig ist klar, dass der Wunsch danach nur deshalb existiert, weil wir noch nicht in besagtem Zustand sind, er ist also unerfüllt. Ein gut definiertes Ziel ist messbar und erreichbar. Wenn dem so ist, dann wissen wir, ob wir uns ihm nähern oder nicht.

Eine Vision wiederum stellt den Rahmen dar, in welchem Ziele gesetzt werden. Es ist das große Bild von sich selbst, seinem eigenen Leben und Wirken. Diese Vision wird nachhaltig durch Werte geprägt und kann nur annähernd erreicht werden.

Ihre Vision kann es sein, möglichst vielen Menschen zu helfen, weil einer Ihrer Grundwerte der der Gerechtigkeit ist. Gerechtigkeit werden Sie jedoch niemals für alle Menschen in gleichem Maße erreichen können. Dennoch können Sie in Ihrem Rahmen dazu beitragen und versuchen, diesen Rahmen im Laufe der Zeit zu vergrößern.

Die Kraft der Vision

Ihre Vision von einer gerechteren Welt können Sie nun über verschiedene Ziele konkretisieren. Es besteht die Möglichkeit, einen Verein zu gründen, der Spenden für Unfallopfer sammelt. Sie könnten sich zum Coach oder Trainer ausbilden lassen, um andere Menschen in kommunikativen Themen zu unterstützen. Sie könnten Pharmazie studieren, um Krankheiten einzudämmen. Sie sehen also, vor den Zielen kommt immer die Vision.

Im Unternehmensbereich funktioniert dies ebenso. Eine Firma, die eine klare Vision ihres Wirkens entwickelt, hat höhere Chancen, die eigenen Mitarbeiter für sich zu gewinnen. Das funktioniert in den seltensten Fällen über Geld. Der dm-drogerie-markt-Gründer Götz Werner, mit dem ich in Hamburg gesprochen habe, wurde beispielsweise 2011 als bester Chef der Welt ausgezeichnet. Seine Vision: »Die Wirtschaft hat die Aufgabe, die Menschen von der Arbeit zu befreien!« Oder die Vision von Wikipedia: »Stell dir eine Welt vor, in der jeder einzelne Mensch freien Anteil an der Gesamtheit des Wissens hat.« Wenn die Mitarbeiter diese Visionen teilen und an ihnen mitarbeiten möchten, dann hört auch die »Arbeit« auf, wie Götz Werner dies so schön darstellte. An ihre Stelle treten Sinn und Wirkung. Deshalb gehen immer mehr Unternehmen dazu über, ihr »Warum« in den Vordergrund zu stellen.

Preis und Werte

Es ist wichtig, dass Sie sich Ihrer Werte bewusst sind, andernfalls können Sie eine getroffene Entscheidung nicht begründen und durchziehen, wenn es hart wird. Im besten Fall sollten Ihre Ziele mit Ihren Werten im absoluten Einklang stehen.

Wenn Sie beispielsweise den Wert »Engagement« in sich tragen, wie ein Oliver Kahn, wollen Sie etwas voranbringen und sich einer Sache verschreiben. Dann eignet sich der Bereich Fußball perfekt für Sie. Auch Kahns Stiftung, die »Oliver Kahn Stiftung«, die er später gründete, passte perfekt in dieses Muster. Hier ging es nicht nur darum, »ein bisschen was zu tun«. Es ging um große Veränderungen, die immenses Engagement erforderten.

Oliver Kahn wollte mithilfe des Fußballs junge Menschen von der Straße holen und von Kriminalität und Gewalt fernhalten.

• • • • • • • • • • • •

Fragen Sie sich: Wie sehr entsprechen meine derzeitigen Handlungen und Ziele meinen Werten?

• • • • • • • • • • • • • • • •

Für eine Entscheidung muss man auch einen Preis bezahlen. Je nachdem, wie groß das Ziel ist, kann der Preis hoch sein. Denn wenn wir mehr von dem einen wollen, müssen wir Platz dafür in unserem Leben schaffen, indem wir andere Dinge reduzieren oder ganz weglassen. Wenn Sie sich dafür entscheiden, eine Firma aufzubauen, dann werden Sie höchstwahrscheinlich den Preis in Form von verminderter Freizeit zahlen müssen. Wenn Sie Investitionen tätigen wollen, dann können Sie das Geld nicht für andere Dinge ausgeben. Ihre Entscheidungen ziehen Konsequenzen nach sich, die Sie vorher bedenken müssen.

Der Weg ist nicht das Ziel

»Viele Wege führen nach Rom«, heißt ein schönes Sprichwort. Dazu muss man jedoch wissen, was das eigene Rom überhaupt ist und wo man es finden kann. Stets sind wir auf der Suche nach der einen Formel, nach der einen Methode, die all unsere Probleme löst und uns unsagbar erfolgreich macht. Wie Sie aus dem vorliegenden Werk jedoch erkennen, gibt es eine Vielzahl an Stellschrauben und Leitplanken, die wir zur Verfügung haben. Das

Vehikel müssen Sie selbst bauen, instand und auf Kurs halten. Es gibt eben nicht den einen Weg. Niemand von uns kann hellsehen, niemand weiß, was genau auf unserem Weg passiert. Auch wenn das Ziel gleich bleibt, kann sich die Route ändern. Von meinem Piloten weiß ich, dass wir manchmal einen anderen Weg nach Frankfurt oder Hamburg fliegen müssen, weil sich Bedingungen wie das Wetter geändert haben. Aber das Ziel behalten wir immer im Auge. Vielleicht müssen wir auch mal auf einem anderen Flughafen landen, doch es ist nur eine Etappe auf unserem klar definierten Weg zum Ziel.

Zwischenschritte für den großen Sprung

Tatsächlich brauchen Sie Zwischenetappen, um am Ball zu bleiben. Im Managementbereich und in der Projektarbeit sprechen wir von Meilensteinen, die uns helfen, auf Kurs zu bleiben. Die aber auch dafür sorgen, dass wir Erfolgsmomente auf unserem großen Weg erfahren können.

Als sich Oliver Kahn als Junge das Ziel gesetzt hatte, der beste Torhüter der Welt zu werden, war ihm bewusst, dass er etappenweise auf sein Ziel hinarbeiten musste. Er musste Bester seines Vereins werden. Dann in der Bundesliga spielen. Dann international spielen. Dann in die Nationalmannschaft kommen. Erst dann wurde das Ziel, weltbester Torhüter zu werden, realistisch.

Ihrem Alltag können Sie nicht entfliehen. Daher brauchen Sie eine Strategie für den Alltag und das Wissen, wie und wann Sie Ihre Strategie in die Tat umsetzen können, um Ihrem Ziel immer näher zu kommen.

Coaching: Entscheidungskompetenz erlangen

Entscheidungen zu treffen, ist wohl eine der wichtigsten Faktoren in Verbindung mit Erfolg, wie wir nun wissen. Vielleicht kennen Sie sie auch, diese Sorte von Menschen, die sich schwer damit tut, Entscheidungen zu treffen, und lieber alles auf andere abwälzt?

Falls Sie sich selbst zu dieser Gattung zählen, habe ich gute Nachrichten: Entscheidungsfähigkeit kann man trainieren. Dies beginnt damit, dass Sie ab jetzt das Ruder in die Hand nehmen und Entscheidungen – bewusst – treffen. Unbewusst passiert dies sowieso Tausende Male am Tag. Versuchen Sie, diesen Automatismus ein Stück weit auszuschalten.

Die erste Entscheidung, die Sie treffen müssen, ist die, ob Sie überhaupt endgültige Entscheidungen treffen wollen oder sich lieber alle Türen offen halten möchten. Denken Sie dabei jedoch an die Antwort von Gates und Buffett, dass der »Fokus« der alles entscheidende Erfolgsfaktor ist. Sie sollten sie beherzigen.

Dem Fokus voraus gehen weitere wichtige Entscheidungen. Deshalb sollten Sie sich nun drei Bereiche in Ihrem Leben notieren, in denen Sie gerne mehr Fokus walten lassen möchten. Dies könnte zum Beispiel der Fokus auf Ihre Kinder sein. Vielleicht möchten Sie gerne mehr Zeit mit Ihrer Familie verbringen. Es kann aber genauso der Fokus auf den Aufbau einer Selbstständigkeit sein. Nur: Sie müssen sich für das eine oder das andere entscheiden, sonst sind Sie sehr schnell am Spielplatz mit den Kindern und checken Ihre beruflichen E-Mails. Das ist weder für Ihre Kinder noch für Ihr Business gut.

Auf dem Weg zu Ihrer Vision oder zu Ihrem Ziel warten Hürden und Rückschläge. Das bedeutet, dass Sie lernen müssen, produktiv mit Niederlagen umzugehen. Um das zu erreichen, empfiehlt es sich, die eigene Dankbarkeitshaltung zu kultivieren. Fragen Sie sich im ersten Schritt, für welche Dinge Sie ehrlich dankbar in Ihrem Leben sind. Dies dürfen Sie sich zur Gewohnheit machen, indem Sie jeden Tag drei Dinge sammeln, für die Sie dankbar sind. Am besten natürlich schriftlich. In einem nächsten Schritt fragen Sie sich bei jedem Rückschlag, wofür Sie auch in jenem Moment dankbar sein können.

Misserfolge sind wichtig, um zu lernen, doch Erfolge sorgen dafür, dass Sie am Ball bleiben. Beide Seiten der Medaille sind also wichtig. In ihrem Buch *Positivity* beschreibt die Psychologin Barbara Fredrickson, dass das optimale Verhältnis (»positivity ratio«) für eine lang anhaltende Motivation 3:1 zugunsten der Erfolge darstellt. Auf drei Erfolge kann eine Niederlage kommen. Erst bei einer Verschlechterung dieses Verhältnisses von positiven und negativen Erfahrungen steigt die Gefahr der Demotivation. Wie können Sie also für mehr positive Erfahrungen in Ihrem Leben sorgen, um dem Sturm der Niederlagen zu trotzen? Es müssen keine heroischen Siegeszüge sein, sondern es kann auch ein nettes Gespräch mit jemandem sein.

Was können Sie in den nächsten 30 Minuten tun, damit Sie eine positive Erfahrung machen?

Wir benötigen immer alternative Handlungsoptionen, wenn eine Strategie nicht aufgeht. Dies nennt man in der Wissenschaft den »Realistischen Optimismus«. Er geht zwar grundsätzlich von einer positiven Zukunft aus, rechnet aber auch damit, dass Hürden zu überwinden sind. Diejenigen, die für die Erreichung eines Ziels mehrere Strategien zur Verfügung haben, werden länger am Ball bleiben und sich nicht entmutigen lassen. Wenn eine Strategie scheitern sollte, können sie immer noch auf die nächste zurückgreifen. So lange, bis sie am gewünschten Ziel sind.

Wenn beispielsweise Ihr Ziel »Gehaltserhöhung« durch direktes Nachfragen gescheitert ist, können Sie entweder aufgeben oder durch den Einsatz anderer Mittel weitermachen.

Denken Sie an eine – vermeintliche – Niederlage in Ihrem Leben zurück! Nun entwickeln Sie zu diesem Szenario fünf Handlungsoptionen. Je öfter Sie verschiedene Szenarien Ihres vergangenen Lebens durchspielen, desto leichter fällt es Ihnen, solche Optionen auch in der Gegenwart oder in kommenden Situationen zu finden.

Und die allerbeste Nachricht für Sie zum Schluss: Optimismus ist trainierbar und nur zu 25 Prozent angeboren.[4]

MUTIG

WIE REINHOLD MESSNER

Angst und Mut | Messner und Mut | Denken in Szenarien | Das Opferlamm auf der Schlachtbank | Passivität schadet | Das rechthaberische Hirn | Sorgen Sie für flexible Wände

Mut beschreibt den Impuls, trotz Angst zu handeln. Der berühmte Schauspieler John Wayne hat Mut so definiert: »Mut ist, wenn man Todesangst hat, aber sich trotzdem in den Sattel schwingt.«[1]

Angst und Mut

Was bedeutet es eigentlich genau, Angst zu haben? Selbst der Duden definiert Angst nur sehr schwammig als »ein beklemmendes Gefühl«.

Ich persönlich glaube, dass Angst entsteht, wenn etwas ungewiss ist. Dies ist der Fall, wenn wir eine Situation schlecht einschätzen können. Wenn wir nicht sagen können, ob sie Gutes oder Schlechtes für uns bereithält.

Stellen Sie sich vor, Sie gehen allein eine dunkle Gasse entlang. Sie verspüren Angst, weil Sie nicht wissen, ob etwas Schlimmes wie ein Überfall passieren wird. Nehmen wir an, Sie könnten mit einer Drohne das komplette Gebiet über und um diese Gasse herum absuchen und sicher sein, dass weder Menschen noch andere Hindernisse auf Sie warten. Die Angst würde verschwinden, weil Sie wissen, dass keine negativen Konsequenzen zu befürchten sind. Sie würden Gewissheit erlangen. Im realen Leben haben wir jedoch sehr selten solch eine Drohne zur Verfügung. Wir müssen mit Eventualitäten und Variablen zurechtkommen. In unserer schnelllebigen Zeit scheint dies eine größere Aufgabe zu sein als jemals zuvor.

Mut bedeutet also, sich auf ungewisse Situationen einzulassen. Nicht, indem wir gedankenlos nach vorne preschen, sondern indem wir überlegen handeln. Weder übertriebener Optimismus noch übertriebener Pessimismus wird uns ans Ziel bringen. Die Mischung macht es:

Seien Sie sich bewusst, dass es Risiken gibt, und handeln Sie dennoch. Denn Sie können planen, wie sich die Risiken eindämmen lassen. Sie können lernen, mit den Unwägbarkeiten des

Lebens umzugehen. Durch Ihr Handeln entsteht eine Klarheit, die vorher verschwommen im Nebel der Ungewissheit lag.

Messner und Mut

Nehmen wir Reinhold Messner als Beispiel. Wäre er ängstlich und zögerlich auf die höchsten Berge der Erde gestiegen, hätte er es nie geschafft, alle 14 Achttausender-Berge dieser Welt ohne Sauerstoff zu bezwingen.

Messner fragte sich, was Schlimmes und Unvorhergesehenes passieren könnte. Er analysierte die Gefahrenquellen, wie Steinschlag, Eis und Unwetter. Er handelte überlegt. Er entwickelte auch die körperlichen Fähigkeiten, die man zweifelsohne braucht, um diese Höchstleistungen zu erbringen. Er fokussierte seinen Geist und seine Gedanken auf Sieg: »Wenn Sie Ideen umsetzen – egal, ob es Ihnen gelingt oder Sie scheitern, das ist ja auch nur ein Lernprozess –, kriegen Sie so viel Energie zurück, wie Sie reingesteckt haben. Ich nenne das Energierückfluss. Was ich in meinem Leben getan habe, ist nichts anderes gewesen, als Ideen zu entwickeln (...) und sie dann umzusetzen. Die Umsetzung im Hier und Jetzt ist gelingendes Leben. Erst am Ende eines Lebens auf ein gelungenes Leben zurückzublicken, ist viel zu spät.«[2]

Eine Studie der Universität Erlangen-Nürnberg gemeinsam mit Wissenschaftlern aus Berlin und Zürich kommt zu dem Schluss, dass es eine Form von gesundem Pessimismus gibt, der Menschen dazu ermuntert, sich auf Herausforderungen vorzubereiten. Das Fazit der Studie: Wer pessimistischer in die Zukunft sieht, achtet besser auf sich. Reinem Optimismus erteilen die Forscher eine klare Abfuhr. Dieser würde die Menschen nur unvorsichtig werden lassen.[3]

Der Trick scheint also zu sein, an die eigenen Fähigkeiten zu glauben und diese so auszubauen, dass sie den härtesten Anforderungen der Realität standhalten können. Wenn Sie einen Berg besteigen wollen, rechnen Sie mit dem Schlimmsten, aber lassen Sie sich nicht davon abbringen. Ein überzogener Optimismus würde dazu führen, dass Sie sich nicht in Form bringen, das falsche Equipment auswählen oder generell falsche Herausforderungen wählen. Wenn Sie sich selbstständig machen wollen, rechnen Sie mit einer Zeit, in der Sie vielleicht keine oder wenige Einnahmen verbuchen können. Wie können Sie sich auf solch eine Situation vorbereiten? Wie sieht Ihr Plan in dem Fall aus?

Der gesunde Pessimismus hilft dabei, das Risiko richtig einzuschätzen, er überdeckt dabei nicht den Optimismus, den Herausforderungen gewachsen zu sein. Niemand wird erfolgreich, wenn er im Kopf das Lied der Niederlage singt. Messner handelte nicht aus einer Laune heraus. Er war, seitdem er laufen konnte, in den Tiroler Bergen unterwegs, wo er geboren wurde.

Er begeisterte sich für die Felskletterei und entwickelte sein Talent weiter. Seine analytische Fähigkeit, Linien im Berg zu erkennen, die man klettern könnte, zeigte sich auch später in seiner Studienwahl der Vermessungskunde.

All diese Voraussetzungen halfen ihm, aus der Angst ein planbares Risiko zu machen. Die meisten Risikofaktoren waren erkennbar: Wetter, Vorräte, Sauerstoff, körperliche Leistungsfähigkeit, Steinschlag, Lawinen. Messner dazu: »Das Leben an sich ist ein Risiko. Und es endet mit dem Tod [...] Wenn ich weiß, dass das Leben begrenzt ist, kann ich viel intensiver leben.«[4]

Wenn auch Sie wissen, was schieflaufen könnte, können Sie sich darauf vorbereiten und dem entgegenwirken. Sie können Maßnahmen ergreifen, die Sie dabei unterstützen, Ihre Ziele trotz Gegenwind zu erreichen.

Denken in Szenarien

Unternehmer und Extremsportler denken in der Vorbereitungsphase stets in Szenarien. Sie durchdenken mögliche Vorkommnisse und legen sich Strategien zurecht, wie sie darauf reagieren können. Beim Eintreten von Worst-Case-Szenarien können sie deswegen sofort gegensteuern. Dadurch entsteht ein Gefühl der Sicherheit in unsicheren Zeiten – sie fühlen sich ein Stück weit vorbereitet. Dann braucht es nur noch den Mut, sich auf das Abenteuer einzulassen. Ein Abenteuer ist es immer, weil man nicht voraussagen kann, welche Situationen eintreten werden. Doch man ist vorbereitet. Selbst wenn Dinge kommen, mit denen man nicht gerechnet hat.

Halten Sie sich folgendes Zitat von Messner vor Augen: »Der (Mensch) kann noch lange drauflegen, wenn er denkt, es geht nicht mehr.«[5]

Das Opferlamm auf der Schlachtbank

Stellen Sie sich vor, Sie beobachten ein kleines Kind dabei, wie es auf Socken einen rutschigen Stuhl besteigt, darauf herumspringt und schließlich auf die Nase fällt. Nachdem die ersten Schmerzensschreie vorüber sind, beginnt das Kind, dem Stuhl und den Socken die Schuld am Unfall zu geben. Es sucht einen Sündenbock, um sich selbst als Opfer darzustellen.

In der kindlichen Logik ist das nachvollziehbar, denn es ist ja nicht mit der Absicht auf den Stuhl geklettert, sich zu verletzen. Dennoch: Schuld ist das Kind allein. Nur kann es die Verantwortung in so jungem Alter noch nicht übernehmen. Dem Erwachsenen ist klar, dass der Unfall eine Konsequenz der Gegebenheiten war: Socken auf einem rutschigen Stuhl. Denken Sie das nächste Mal an dieses Beispiel, wenn Sie wieder Beweise dafür suchen, dass Sie nur das Opfer widriger Umstände sind.

Passivität schadet

Das wirklich Heimtückische an der Opferhaltung ist, dass jene Sie in eine passive Rolle drängt. Wenn der Stuhl tatsächlich schuld an den Schmerzen des Kindes wäre, dann könnte das Kind überhaupt nicht aktiv in den Prozess eingreifen. Ein furchtbarer Gedanke.

Natürlich ist das ein Extrembeispiel, aber in unserem Leben ist die Opferhaltung oftmals nicht so leicht zu erkennen. Dennoch: Wir geben eher dem Partner, den Behörden oder dem eigenen Chef die Schuld. Denn das Prinzip ist haargenau das gleiche. Wir geben Handlungsmöglichkeiten aus der Hand, wenn wir unserem Partner die Schuld an der miserablen Beziehung geben. Wie könnten wir da noch produktiv eingreifen? Schließlich hat nur unser Partner alles in der Hand.

Nicht immer erkennen wir, dass wir uns in der Opferhaltung befinden. Deshalb ist es ratsam, hin und wieder einen Schritt zurückzugehen und die richtige Form von Fragen vor dem inneren Auge auftauchen zu lassen. Falsch wäre es, sogenannte »Opferfragen« zu stellen:

- »Wieso immer ich?«
- »Weshalb kann der das besser?«
- »Warum nur wurde ich mit so wenig Talent gesegnet?«

Diese Fragen bringen uns keinen Schritt weiter. Im Gegenteil. Sie lenken vom Kern der Sache ab. Darüber hinaus sind es nur Scheinfragen, denn korrekt beantwortbar sind sie sowieso nicht.

Klüger wäre es, Gestaltungsfragen zu stellen, wie folgende:

- »Welche Fähigkeiten brauche ich, um noch besser zu werden?«
- »Welche Fähigkeiten haben den größten Einfluss auf meinen gewünschten Erfolg?«
- »Wer kann mir helfen, diese Fähigkeiten zu erwerben?«

Diese Form des Fragens bringt uns in eine aktive Position, aus der heraus wir handeln können.

Hören Sie auf, Ihre Ausreden zu begründen. Das ist dumm. Suchen Sie lieber nach Argumenten, warum etwas gehen könnte und wie Sie sich in die Lage bringen könnten, auch die größten Hindernisse zu überspringen. Sonst kommen Sie im Leben niemals voran. Mut kann schon im Kleinen beginnen. Am Anfang braucht es nicht die riesigen Sprünge. Es reicht, wenn Sie klein beginnen und sich kontinuierlich steigern.

Das rechthaberische Hirn

Ihr Gehirn glaubt, was Sie ihm einreden. Es möchte stets recht behalten. Deshalb wäre es ein kluger Schachzug, es mit positiven Gedanken zu füttern. Reden Sie ihm lieber ein, Sie schaffen es. Sie werden erstaunt sein, wie wenig Grenzen es gibt. Wir leben und handeln alle innerhalb der Grenzen unserer eigenen Gedankenwelt. Wollen Sie sich wirklich dadurch einengen lassen und einer künstlichen Limitierung den Vorzug geben?

Sorgen Sie für flexible Wände

Selbstverständlich sind wir durch unsere Gene und unsere Erziehung beeinflusst. Die Wissenschaft hat in den letzten Jahrzehnten jedoch herausgefunden, dass dies immer weniger als Ausrede nutzbar ist. Wir haben den allergrößten Teil unserer Gedanken selbst in der Hand. Wir können entscheiden, welche Bücher wir lesen. Wir können entscheiden, mit welchen Menschen wir uns umgeben und welche Leute wir wieder aus unserem Bekanntenkreis streichen. Wir können entscheiden, welche Ziele wir verfolgen wollen, völlig losgelöst von da, wo wir eigentlich herkommen.

Diese imaginäre Box namens Gedankenwelt hat flexible Wände. Wir können die Begrenzungen beliebig erweitern. Das erfordert allerdings einige Anstrengung und Disziplin. Dieser Einsatz zahlt sich am Ende jedoch aus. Wie ein Muskel nur durch Training bzw. Belastung wachsen kann, können sich auch Ihre Grenzen nur dann erweitern, wenn Sie handeln. Wie ein Muskel mit immer neuen Übungen und stärkerem Gewicht wächst, so wachsen Ihre Handlungsoptionen mit jeder neuen Erfahrung, der Sie sich stellen.

Durch das Tun gewinnen Sie neue Fähigkeiten und neuen Mut, immer größer zu denken. Ihre Vorstellungskraft und Ihr Selbstvertrauen wachsen stetig, ohne die Risiken Ihrer Entscheidungen aus dem Auge zu verlieren. Die Realität, in der Sie leben, vergrößert sich dadurch. Es gibt nicht die eine, allgemein gültige Realität. Diese wird immer durch das bestimmt, was Sie sehen und akzeptieren wollen. Denn Realität wird auch in unserem Kopf erzeugt. Wo Sie beispielsweise eine unbezwingbare Felswand sehen, die Ihnen Einhalt gebietet, sieht Reinhold Messner eine feine Linie, an der sich entlangklettern ließe.

Bringen auch Sie sich in die Lage, Chancen und Risiken zu sehen, jedoch den Chancen den Vorzug zu geben.

Coaching: Die SWOT-Analyse

Ein Beispiel wie Reinhold Messner zeigt, dass man große Risiken eingehen und Situationen schließlich bezwingen kann. Mit Fähigkeit, Planung und Konzentration.

Wie wir gesehen haben, ist es für ein mutiges Vorgehen wichtig, Optimismus in Bezug auf die eigenen Fähigkeiten und Pessimismus gegenüber äußeren Umständen in ein optimales Verhältnis zueinander zu bringen. Hierzu gibt es mehrere Modelle oder Techniken, die Ihnen dabei helfen können.

Eine Möglichkeit, sich mit Risiken auseinanderzusetzen, ist die klassische Pro und -Kontra-Liste. Was spricht für eine Entscheidung, was dagegen? Ob diese Liste ausreichend ist, um zu einer tragfähigen Entscheidung zu kommen, hängt von Ihrer Fähigkeit ab, Prioritäten zu setzen. Ist dieser Pro-Punkt wichtiger als jener Kontra-Punkt? Genau hier hakt es meistens und die Menschen treffen die Entscheidung, keine Entscheidung zu treffen. Eine differenziertere Möglichkeit, Risiken einzuschätzen und Szenarien zu entwickeln, bietet die SWOT-Analyse. Sie wurde in den 1960er-Jahren an der Harvard Business School zur Anwendung in Unternehmen entwickelt. Das Modell eignet sich jedoch auch für die Einschätzung beruflicher oder privater Situationen.

SWOT ist ein Akronym, das für Strengths (Stärken), Weaknesses (Schwächen), Opportunities (Chancen) und Threats (Risiken) steht. Es wird in Form einer Matrix umgesetzt, die so aussieht:

Swot-Analyse	Stärken (Strengths)	Schwächen (Weaknesses)
Chancen (Opportunities)	A	C
Risiken (Threats)	B	D

Die SWOT-Matrix ist immer gleich aufgebaut und kann deshalb gut als Vorlage verwendet werden. Mit welchen Inhalten Sie die einzelnen verschiedenen Bereiche füllen, ist höchst individuell. Zwar gibt es in einigen Punkten immer wieder Überschneidungen, doch werden Sie kaum jemanden finden, der komplett identische Stärken und Schwächen mitbringt.

Bevor Sie diese Matrix mit Inhalten füllen, müssen Sie sich über Ihr Ziel klar sein. Erst dann sollten Sie sich die vier Felder ansehen und sie gezielt ausfüllen. Nehmen wir hier beispielsweise an, Sie möchten als Berater erfolgreich werden und von den Einnahmen, die Sie erzielen, leben können. Dann überlegen Sie sich zu den vier Feldern vielleicht Folgendes:

A. Chancen-Stärken-Feld (dessen Inhalt sollte so umfangreich wie möglich sein): Sie kennen die »Leiden« Ihrer Zielgruppe und können Lösungen liefern. Sie haben bereits einen Expertenstatus oder sind kurz davor, einen zu erreichen. Die zukünftigen Kunden sind bereit, viel Geld zu investieren, um ihre Probleme in den Griff zu bekommen. Sie haben Vorteile, die Sie unter allen Umständen ausbauen sollten.

B. Risiken-Stärken-Feld: An diesem Punkt geht es um das Absichern Ihrer Position. Ihre Fähigkeiten sollen Ihnen dabei helfen, Risiken zu minimieren. Beispielsweise könnten Menschen versuchen, Sie zu kopieren. Wie gehen Sie in so einem Fall vor? Wie kommunizieren Sie nach außen?

C. Chancen-Schwächen-Feld: Hier sehen Sie sich an, in welchen Bereichen Sie noch Aufholbedarf gegenüber der Konkurrenz haben. Wenn Ihr Online-Auftritt hinter dem der Konkurrenz herhinkt, wäre es gut, sich professionelle Hilfe zu holen. Wo besteht Verbesserungspotenzial?

D. Risiken-Schwächen-Feld (hier sollte so wenig wie möglich stehen): Wo bestehen in Ihrem Business Gefahren, die Sie mit Ihren Fähigkeiten nicht beeinflussen können? Zum Beispiel, wenn ein Computerprogramm entwickelt wird, das Ihren Service überflüssig macht. Wie bringen Sie sich in die Position, nicht davon betroffen zu sein?

Diese SWOT-Analyse ist natürlich nichts Statisches, das für immer unveränderbar ist. Im Gegenteil, so, wie Sie sich weiterentwickeln, können Sie logischerweise auch Ihre jeweilige SWOT-Analyse anpassen.

Die SWOT-Matrix bietet Ihnen auf jeden Fall einen guten Überblick über die Stärken, Schwächen, Chancen und Risiken Ihres Vorhabens. So haben Sie die wichtigsten Komponenten im Blick.

HERAUSFORDERUNGEN MEISTERN

WIE WLADIMIR KLITSCHKO

Herausforderungen machen uns stärker | Zum Großdenker heranwachsen | So werden Diamanten gemacht | Alles baut aufeinander auf | Die Kleinigkeiten entscheiden | Stärken stärken | Zweifel sind der Feind des Erfolgs

*J*eder, der psychisch gesund ist, hat Ängste. Nur feige darfst du nicht sein. Dann fällst du zurück.«[1]

Wladimir Klitschko

Herausforderungen machen uns stärker

Wladimir Klitschko hat im Leben alles erreicht. Er gehört zu den bekanntesten Profisportlern der Welt, ist glücklicher Familienvater, besitzt ein erfolgreiches Unternehmen und hat Millionen auf der hohen Kante. Warum um Gottes willen sollte so jemand die Herausforderung annehmen, gegen einen viel jüngeren, bärenstarken Siegertypen wie Anthony Joshua zu kämpfen und das Risiko eingehen, vor den Augen der ganzen Welt auf den Brettern zu landen?

Die Antwort ist simpel: So hat es Klitschko immer schon gemacht. In seinen Augen sind Herausforderungen dazu da, angenommen zu werden. Herausforderungen machen uns besser und stärker, denn nur durch Widerstand können Muskeln wachsen. Und das gilt nicht nur für den Körper, sondern auch für den Geist. So konnte Klitschko zum Megastar aufsteigen.

Herausforderungen waren für ihn stets der Weg, um im Leben erfolgreich zu sein. Und zwar nicht nur im Sport. Wo er geht und steht, sieht er Probleme und Herausforderungen, die er anzugehen bereit ist. Er weiß, dass ihn diese Einstellung im Leben weit gebracht hat, und er wird sich hüten, von dieser Einstellung abzuweichen. Erfolgsmenschen vergessen niemals, wie sie erfolgreich geworden sind, und wissen, welche Handlungen sie maßgeblich weitergebracht haben.

Zum Großdenker heranwachsen

Als wir uns in Hamburg getroffen haben, ist mir vor allem eines klar geworden: Klitschko ist ein Großdenker. All die Herausforderungen, die er in seinem Leben Jahr für Jahr angenommen hat, haben sein Denken und letztlich auch ihn als Mensch wachsen lassen. Die Analogie zum Muskelaufbau ist bestechend: Je größer der Widerstand, den man einem Muskel zumutet, desto stärker wird er. So ist es auch mit unserem Geist. Je öfter wir uns Herausforderungen bzw. Widerständen stellen, desto stärker werden wir. Je größer die Aufgaben sind, die wir uns zumuten, desto größer wird unser Erfolgsmuskel. Wir wachsen Stück für Stück zu einem Großdenker heran.

So werden Diamanten gemacht

Genau so sind Spitzensportler wie Wladimir Klitschko oder Großunternehmer wie Richard Branson in die Weltelite aufgestiegen. Schließlich ist keiner von ihnen mit einem goldenen Löffel im Mund geboren worden. Vielmehr haben sie sich von Herausforderung zu Herausforderung mehr zugetraut. Dadurch ist ihre Gedanken-Box von Mal zu Mal größer geworden.

Auch die vermeintlichen Niederlagen sind wichtig, um besser und klüger zu werden. Der Druck, der durch Probleme und Misserfolge entsteht, presst wie bei der Entstehung eines Diamanten das Wertvolle stärker zusammen. So entsteht aus vielen einzelnen Bausteinen am Ende etwas Großartiges.

Alles baut aufeinander auf

Eben das können wir von kaum jemandem besser lernen als von Wladimir Klitschko. Er hat früh in seiner Karriere begriffen, dass sich alles aufsummiert, nach dem Motto: »Je mehr ich tue, je größer die Herausforderungen, desto erfolgreicher werde ich.« Und schließlich hat er es nicht nur als Boxer bewiesen. Mit seinem Bruder Vitali gründete er schon vor vielen Jahren die Klitschko-Foundation, die immer weiter wächst.

Die beiden gehörten auch zu den Ersten, die sich selbst durch eine eigene Firma vermarkteten. Und sie gründeten eine Managementfirma, die bald weitere, vielversprechende Sportler unter Vertrag nahm. Daran konnte man übrigens schon früh den unternehmerischen Weitblick erkennen, an dem es vielen Sportlern mangelt. Denn was Plattenfirmen mit Musikern machen, können Boxer schließlich auch. Sobald die Einnahmen nicht mehr nur von der eigenen Leistung abhängen, steigt man zum waschechten Unternehmer auf. Wladimir entwickelte auch Boxschuhe und einen Lungentrainer, da die auf dem Markt befindlichen Produkte nicht seinem Anspruch standhielten. In Kiew eröffnete er 2012 zudem ein luxuriöses Hotel, das als bestes Haus der Ukraine gilt.

Für Klitschko, der von seinen Eltern als Kind die Bedeutung von Bildung eingetrichtert bekam, gab es die logische Konsequenz, auch andere an seinem Wissens- und Erfahrungsschatz teilhaben zu lassen. So gründete er mit der Universität St.Gallen den Studiengang »Change and Innovation Management«, bei dem er selbst als Lehrbeauftragter mitwirkt. Zuletzt ging er mit bekannten Unternehmen wie Porsche und Telekom strategische Partnerschaften ein, von denen die Unternehmen von Klitschko profitieren.

Die Kleinigkeiten entscheiden

Herausforderungen sind Chancen, um besser zu werden. Somit sollten wir beginnen, dem Begriff »Herausforderung« einen positiven Geschmack zu verleihen. Allzu viele Worte in unserer Sprache sind per se neutral. Wir verleihen ihnen aber im Laufe der Zeit einen negativen Touch. Es kann also unsere erste Herausforderung sein, unseren Sprachgebrauch zu prüfen und entweder produktivere Worte zu benutzen oder zu beginnen, den Worten eine positivere Wertung zu geben.

Der Erfolgsblick ist immer vorwärts gerichtet, weil Erfolg immer vorwärts passiert. Deshalb ist die Windschutzscheibe in Ihrem Auto auch größer als der Rückspiegel. Wichtig ist das, was vor uns liegt. Deshalb kann es bereits helfen, mit kleinen Dingen zu beginnen und Motivation für die Zukunft zu sammeln.

Klitschkos Vater kannte die Macht der kleinen Schritte. Disziplin sollte der junge Wladimir dadurch lernen, dass er jeden Abend die Militärstiefel des Vaters polierte. Danach musste Meldung erfolgen. Ausnahmen gab es keine. Klitschkos Erfolg nahm seinen Anfang also nicht erst im Sportstudio. Auch die weiteste Reise beginnt mit einem einzelnen Schritt. Und der kann noch so klein sein, Hauptsache, er wird überhaupt gegangen.

Stärken stärken

Auch ein Wladimir Klitschko ist nicht als Profiboxer auf die Welt gekommen. Er musste das Boxen erst lernen. Sicher besitzt jeder von uns ein Talent, das es auszubauen gilt. Warum sollten wir uns mit unseren Schwächen beschäftigen, wenn wir doch großes Kapital aus unseren Stärken schlagen können?

Die meisten Dinge im Leben scheitern nicht an großen, sondern an kleinen Dingen. Auch Klitschko wusste das, als er einmal einen großen Kampf verlor. Er verbesserte Kleinigkeiten wie Atem und Ernährung und eliminierte sämtliche Ablenkungen während der Trainingszeit. Er wurde unschlagbar.

So wird es auch Ihnen gehen, wenn Sie auf Herausforderungen treffen: Der Erfolg wird oft durch die kleinen Schritte entschieden.

Zweifel sind der Feind des Erfolgs

Auch die größte Herausforderung lässt sich in überschaubare Aktionsschritte einteilen. Vielleicht ist der kleinste Schritt von allen, Ja zu sagen: »Ja, ich nehme die Herausforderung an.« Damit ist das Zweifeln und Hadern schon einmal beiseitegeschafft. Jetzt können Sie sich voll und ganz auf den Erfolg konzentrieren, statt Kämpfe in Ihrem Kopf auszutragen. Zweifel sind Ihr schlimmster Feind auf dem Weg nach oben.

Coaching: Das Meistern von Herausforderungen

Trainieren Sie Ihren Erfolgsmuskel

Widerstände helfen dabei, Ihre Fähigkeiten und Ihre kognitive Ausdauer zu trainieren. Je mehr Erfolg Sie anstreben, desto größere Widerstände und Herausforderungen müssen Sie sich im Laufe der Zeit suchen. Beginnen Sie keinesfalls mit dem größtmöglichen Widerstand. Im Fitness-Bereich wählt man schließlich auch nicht das Maximum an Gewicht, das man gerade noch so heben kann.

Sie müssen sich behutsam vortasten und Ihre »Grenzen« identifizieren. Zu groß könnte der Frust sein, wenn Sie Widerstände nicht gleich »knacken«. Erst danach kommt die schrittweise Steigerung. Das wirklich Wichtige aber ist, dass Sie tatsächlich in Ihr persönliches Fitnesscenter fahren und mit dem Training beginnen. Beginnen Sie so schnell wie möglich mit der Arbeit.

Damit Sie sich an den Prozess der »Widerstandsbearbeitung« gewöhnen, sollten Sie sofort mit der Bearbeitung einer aktuellen Herausforderung starten. Das könnte der unbeliebte Gang zu einem Amt oder ein ernstes Gespräch mit einem Mitarbeiter oder der Partnerin sein. Es eignet sich alles, was Sie bis dato vor sich hergeschoben haben. Am bisherigen Aufschieben der Aufgaben merken Sie, dass Sie an einen inneren Widerstand gestoßen sind.

Beantworten Sie folgende Fragen:

- Welche Handlungen haben Sie bis dato aufgeschoben?
- Weshalb haben Sie diese Elemente aufgeschoben? Wovor haben Sie Angst?
- Wie würde es Ihnen gehen, wenn Sie diese Angelegenheiten zu Ihrer vollsten Zufriedenheit gelöst hätten?

Nach der erfolgreichen Erledigung dieser wahrscheinlich eher alltäglichen »Projekte« ist es an der Zeit, größere Ziele zu verfolgen.

• • • • • • • • • • •

Fragen Sie sich: Welche Träume habe ich vor längerer Zeit aus den Augen verloren?

Machen Sie die kognitive Schublade auf und beginnen Sie, Ihre Vision in die Realität zu überführen.

• • • • • • • • • • • • • • • •

Akzeptieren Sie Ihre Ängste

Vom russischen Schriftsteller Maxim Gorki stammt ein interessantes Zitat: »Angst ist für die Seele ebenso gesund wie ein Bad für den Körper.«[2]

Es herrscht der Irrglaube, dass berühmte und erfolgreiche Menschen angstfrei seien. Folglich glauben wir, ebenfalls angstfrei sein zu müssen, um Erfolg anstreben zu können. Doch es ist gerade das Bezwingen der ureigensten Ängste, das Menschen schlussendlich erfolgreich macht. Erfolgreiche Menschen sind keinesfalls angstfrei, auch wenn dies auf den ersten Blick so erscheinen mag. Sie haben es vielmehr geschafft, sich erfolgreich ihren Ängsten zu stellen und ihnen Einhalt zu gebieten. Wollen Sie das auch schaffen, müssen Sie zuerst Ihre Ängste als solche identifizieren und als Bestandteil Ihrer Person akzeptieren. Danach erfolgt die »Bearbeitung« Ihrer Ängste.

Nehmen Sie die Herausforderung an! Haben Sie Angst, vor Publikum zu sprechen? Dann starten Sie im kleinen Rahmen eines Meetings. Haben Sie Angst, Ihrem Vorgesetzten die Meinung zu sagen? Dann beginnen Sie Literatur über Rhetorik und Diplomatie zu lesen. Bei der Auseinandersetzung mit den eigenen Ängsten hilft die wichtige Erkenntnis, dass die Existenz von Ängsten nicht schlimm ist. Schlimm wäre es, sich ihnen nicht zu stellen. Dies jedoch wäre ein feiges Vorgehen. Wer möchte schon als feig gelten? Durch die Bewusstwerdung des Begriffs »Feigheit« wird es vielleicht eher möglich, die Angst als solche anzunehmen und sich ihr dennoch zu stellen. Angstfrei zu sein, ist nicht erstrebenswert.

Wie Sie bereits gelesen haben, wachsen Sie an der Überwindung Ihrer inneren Herausforderungen. Sehen Sie Ihre Angst als Verbündeten auf Ihrem Weg zu mehr Erfolg. So können Sie der Angst die Angst nehmen.

Beachten Sie die Magie der kleinen Schritte

»Jede Reise beginnt mit dem ersten Schritt«, heißt es in einem alten chinesischen Sprichwort. Nach diesem folgen noch etliche weitere Schritte. Jene sind meist unspektakulär und genau deshalb so außergewöhnlich wichtig.

Große Ziele zu haben, ist wichtig, aber dieses Vorhaben stellt nur eine Seite der Medaille dar. Die andere Seite sind die Millionen kleiner Schritte, die Sie Ihren Zielen maßgeblich näher bringen. Dieses Vorgehen hat etliche Vorteile:

1. Die tatsächliche Umsetzung von Projekten verliert ihren Schrecken, wenn man schrittweise vorgeht. Dabei spielt es keine Rolle, wie groß oder klein das anvisierte Ziel ist. Schließlich ist auch der erste Schritt nur einer von vielen weiteren.
2. Kleine Schritte ermöglichen es, die Kontrolle über die richtige Richtung zu behalten.
3. Kleine Schritte ermöglichen es, eventuelle Korrekturen schneller durchzuführen.
4. Kleine Schritte halten Sie am Laufen. Sie sind sich bewusst, dass Ihre Zielverfolgung ein kontinuierlicher Prozess ist.
5. Durch die Erledigung dieser kleinen Schritte erleben Sie fortwährend Erfolgsgefühle. Der Motivationslevel bleibt ständig hoch. So ist es leichter, am Ball zu bleiben.

Diese »Magie der kleinen Schritte« wirkt nachhaltig, ähnlich, wie ein steter Tropfen den Stein höhlt. Vergessen Sie den »großen Wurf«. Dieser ergibt sich zwangsweise nach Erledigung der täglichen Aufgaben und Herausforderungen. Jeder Schritt baut auf dem vorherigen auf. Nicht unbedingt sexy, aber essenziell und effektiv. Anders gesagt: »Wer den kleinen Schritt nicht ehrt, ist den großen

Wurf nicht wert.« Ein Schritt ist dann ein guter Schritt, wenn er auch gegangen wird. Sie können die tollsten »Entwürfe« für Ihren Erfolg im Kopf haben – ohne Realisierung sind diese nichts wert.

Starten Sie also jetzt mit Ihrem ersten Schritt! Schreiben Sie auf, welche Ziele Sie verfolgen. Wollen Sie vielleicht ein eigenes Business auf die Beine stellen? Möchten Sie ein großartiger Redner oder Coach werden? Möchten Sie an rhetorischer Brillanz zulegen? Was auch immer Ihr Ziel und Ihre Vorstellung von Erfolg ist, schreiben Sie es so detailliert wie möglich nieder. Danach unterteilen Sie den Weg zum Ziel in große Schritte.

Nehmen wir ein Beispiel: Sie möchten gerne einmal als angesehener Redner auf der Bühne stehen. Grobe Schritte könnten sein:

1. Sie suchen sich eine Redneragentur.
2. Sie suchen nach Weiterbildungsangeboten.
3. Sie suchen nach einem Coach.
4. Sie suchen nach einem Thema, über das Sie gerne verstärkt forschen und reden möchten.
5. Sie beschäftigen sich mit Marketingmaßnahmen.
Etc.

Diese Kategorien unterteilen Sie dann in kleinere Schritte. Nehmen wir Punkt 2. Die darauffolgenden Schritte müssen folgende Fragen beantworten: Wie komme ich zu Weiterbildungsveranstaltungen? Wo kann ich sie suchen? Wer führt diese durch? Was kosten sie? Habe ich das Geld dafür bereits oder muss ich es noch auftreiben? Gibt es Referenzen anderer Seminarteilnehmer? Etc.

Sie merken, dass dieser Prozess noch weitergeführt werden kann. Damit Sie jedoch nicht in der Theorie verharren, beginnen Sie einfach mit dem ersten Schritt. Kommen Sie ins Handeln. Wann ist der beste Zeitpunkt, um dies zu tun? Jetzt ist der beste Zeitpunkt, das Buch wegzulegen und aktiv zu werden. Das Buch läuft Ihnen glücklicherweise nicht davon. Bis gleich!

Überwinden Sie Disziplingrenzen

Egal, welche Literatur Sie derzeit zurate ziehen, Positionierung und Spezialisierung scheinen das Maß aller Dinge zu sein. Doch ist die Konzentration auf ein Gebiet wirklich der Wahrheit letzter Schluss?

Logischerweise können wir nicht anerkannte Experten auf vielen Gebieten gleichzeitig sein. Als letzter Generalist gilt der Philosoph Gottfried Wilhelm Leibniz. Der lebte jedoch im 17. und 18. Jahrhundert. Da war die Welt noch ein klein wenig übersichtlicher.

Auch wenn Sie nicht anstreben, Generalist zu werden, kann es für Sie Sinn machen, Erfahrungen aus anderen Bereichen zu sammeln. Dies ist sogar notwendig, um Ihr ausgewähltes Spezialgebiet einer Frischzellenkur zu unterziehen.

In der Spezialisierung besteht die Gefahr, ein »Fachidiot« zu werden. Bedeutet Spezialisierung doch, eine bestimmte Perspektive für Probleme und Herausforderungen einzunehmen. Doch fachliche Scheuklappen helfen Ihnen nicht, Innovationen in Gang zu setzen. Die wahre Kunst ist, Erkenntnisse aus anderen Themengebieten auf das eigene Kernthema zu übertragen. Deshalb ist es ratsam,

sich abseits Ihres gewählten Kernthemas mit anderen Themengebieten auseinanderzusetzen. Denken Sie stets daran, dass auch
wissenschaftliche Disziplinen artifizieller Natur sind.

Begeben Sie sich bewusst in Bereiche, die Sie eigentlich nicht »auf
dem Schirm« hatten. Wenn Sie bis dato nur Fachliteratur gelesen
haben, lesen Sie mal einen spannenden Krimi. Wenn Sie sich für
Kunst noch nicht begeistern konnten, besuchen Sie einmal eine
entsprechende Ausstellung in Ihrer Nähe. Wenn Sie der Rockmusik
sehr zugetan sind, besuchen Sie ein klassisches Konzert. Ihr Hirn
wird die neuen Impulse mit Kreativität belohnen.

• • • • • • • • • • •

Fragen Sie sich: Wie kann ich dafür sorgen, meinem
Hirn andersartige Informationen zu bieten?

Schreiben Sie auf, welche Gewohnheiten Sie im
beruflichen und im privaten Bereich haben:
• • • • • • • • • • • • • • • •

- Mit welchen Themen beschäftigen Sie sich regelmäßig?
- Welche Musik hören Sie?
- Welche Fernsehsendungen sehen Sie?
- Welche Zeitschriften lesen Sie?
- Mit wem reden Sie?
- Welche Veranstaltungen besuchen Sie?

Und nun beginnen Sie, von Ihren Gewohnheiten abzuweichen. Statt
sich immer mit den gleichen Menschen zu umgeben, wählen Sie

die Gesellschaft von Menschen, mit denen Sie nie kommunizieren. Statt am Kiosk zur Illustrierten zu greifen, wählen Sie ein Fitness-Magazin. Fahren Sie immer den gleichen Weg mit dem Auto zur Arbeit? Ändern Sie das. Fahren Sie mit dem Bus oder wählen Sie eine Strecke fernab der gewohnten. Das sind natürlich nur Beispiele. Kurz: Machen Sie Ihr Leben »bunt«. Ihr Hirn wird es Ihnen mit neuen Ideen danken.

Überprüfen Sie Ihren Sprachgebrauch

Unsere Sprache sorgt dafür, wie chancenreich oder chancenarm wir die Welt wahrnehmen. Sie sorgt außerdem dafür, wie motiviert wir Dinge in Angriff nehmen oder ob wir generell von eventuellen Umsetzungen absehen.

Verwenden Sie eher negative Begriffe, werden sich Ihre Emotionen dementsprechend anpassen. Ihre Emotionen wiederum »färben« Ihre Realität. Ist Ihr Glas halb voll oder halb leer?

An diesem Punkt geht es gar nicht darum, Dinge zwanghaft ins Positive zu rücken. Es geht eher um die vielen »Sabotageakte«, denen Sie sich selbst aussetzen. Auch hier höhlt der stete Tropfen den Stein. Ein andauernder Gebrauch negativer Wörter oder Sätze führt unweigerlich zu negativen Gewohnheiten und Sichtweisen. Jeglicher Optimismus, den man für erfolgreiches Agieren benötigt, wird so im Keim erstickt.

Viel zu selten überprüfen wir unseren tatsächlichen Gebrauch der Sprache. Der Mensch, mit dem Sie tagtäglich am meisten kommunizieren, sind Sie selbst. Wie reden Sie eigentlich mit sich selbst? Welche sprachlichen Reflexe weisen Sie auf? Sie können das sehr schnell an sich überprüfen.

• • • • • • • • • • •

Fragen Sie sich: Was denke ich, wenn mir jemand eine Überraschung ankündigt?
»Hoffentlich ist es was Gutes.«
»Hoffentlich ist es nichts Schlechtes.«
• • • • • • • • • • • • •

Dies ist natürlich nur ein Beispiel. Doch achten Sie von nun an darauf, welche sprachlichen Gewohnheiten Sie an den Tag legen. Verwenden Sie demotivierende und negative Worte? Dann entledigen Sie sich dieser Worte und Phrasen. Schritt für Schritt.

AUTHENTISCH LEBEN

WIE BUSHIDO

Der Herdentrieb | Risikominimierung | Respekt | Rap und Authen-tizität | Fähnchen im Wind | Eigene Maßstäbe | Meinungsdifferenzen aushalten | Von Ecken und Kanten

er Philosoph Platon soll gesagt haben: »Ich kenne keinen sicheren Weg zum Erfolg. Aber einen sicheren Weg zum Misserfolg: Es allen recht machen zu wollen.«

Der Herdentrieb

Es erfordert mehr Mut, als man denkt, man selbst zu sein. Oft versuchen wir, anderen zu gefallen und uns anzupassen. Es ist der Herdentrieb, der uns dazu veranlasst. Und ausgestoßen zu werden aus der Herde – davor fürchten wir uns. Der Psychoanalytiker Erich Fromm nennt das Phänomen, wenn man außerhalb einer Gruppe steht, »Heimatlosigkeit«. Wer möchte schon gern heimatlos sein? Aber für den Aufenthalt in der Herde zahlen wir einen hohen Preis: Wir müssen uns anpassen.

Weshalb es diese Orientierung an der Masse gibt, erklärt uns die Evolutionsbiologie. In unserer Entwicklung ging es sehr oft um Leben und Tod. Folglich mussten unsere Vorfahren sehr schnell Entscheidungen treffen. Diese richteten sich an der Gruppe aus: Wenn bereits eine Vielzahl der Gruppenmitglieder die gleiche Wahl getroffen hat, kann die eigene Entscheidung also so schlecht nicht sein – denken wir noch immer.

Authentisch oder echt zu sein, bedeutet, sich selbst treu zu sein. Mit eigenen Überzeugungen, Meinungen und Ansichten kann man sich jedoch auch gegen seine eigene Herde stellen.

Risikominimierung

Wenn wir uns aus Angst, aus der Gruppe gestoßen zu werden, am eigenen Umfeld orientieren, entsprechen wir den Erwartungen anderer. Damit gehen wir den Weg des geringsten Risikos.

Es gibt in diesem Zusammenhang mehrere Studien. Eine davon wurde von Nicholas Christenfeld von der Universität in

Kalifornien in San Diego durchgeführt. Darin geht es geht um das Thema Toiletten, also um die wichtigste Sache der Welt: den Gang aufs stille Örtchen.

Die Studie nimmt die Wahl von öffentlichen Toilettenkabinen unter die Lupe. Um herauszufinden, welche Kabine in öffentlichen Toilettenräumen am meisten benutzt wird, wurden vier davon zehn Wochen lang mit derselben Menge an Toilettenpapier ausgestattet. So konnte man relativ einfach herausfinden, wie die Wahl in welchem Umfang ausfiel.

Das Ergebnis wies eine starke Tendenz zugunsten der mittleren Kabinen auf. 60 Prozent des Papierverbrauchs fand in diesen statt. Das legt nahe, dass es vielen Menschen schwerfällt, eine Randposition einzunehmen. Im Zweifelsfall wird einfach die Mitte gewählt. – So funktionieren auch unsere Entscheidungen bei der Lebensgestaltung.

Respekt

Die eigene Meinung zu sagen und den eigenen Weg zu gehen, ist wahrlich nicht immer einfach. Wenn man ehrlich ist, stoßen sich andere oft daran. Weil sie glauben, alles müsse nach bestimmten Regeln ablaufen und nicht jeder dürfe sich so geben, wie er ist. Das erinnert irgendwie an eine Diktatur. Man darf nicht sein, wie man ist? Wie tief sind wir eigentlich gesunken?

Da draußen laufen so viele unglückliche Menschen herum, weil sie Angst haben, ihr wahres Gesicht zu zeigen. Vielleicht werden authentische Menschen nicht immer gemocht, aber auf jeden Fall respektiert. Viele verwechseln Sympathie mit Respekt. Wir müssen nicht gemocht werden, um uns durchzusetzen. Auch an diesem Punkt schlägt der Herdentrieb wieder durch: Wir fühlen uns nur als Teil der Gruppe, wenn wir gemocht werden. Gleichzeitig bewundern wir bei anderen, was wir uns selbst nicht trauen.

Rap und Authentizität

Der Rapper Bushido ist ein Mann, der nur er selbst ist und keine Rolle spielt. Nicht jeder mag ihn, aber Respekt zollt ihm fast jeder – denn er ist mutig genug, er selbst zu sein. Er hat sich früh dafür entschieden, nach seinen eigenen Regeln zu leben und Musik zu machen: »Ich habe meine eigene Definition von Rap, wie ich ihn feiere und geil finde. Auf meinem neuen Album habe ich einen Song mit meinen Kindern und einen Song für meine verstorbene Mutter gemacht. Aber ich habe dort auch Songs drauf wie ›Sodom und Gomorrha‹, wo ich singe, dass ich deine Mutter auf der Yoga-Matte ficke. Daran siehst du, Musik ist so, wie ich sie gern möchte. (...) Wenn ich mit Leuten wie dir zusammensitze, die ein paar Fragen haben, will ich die auch ordentlich und eloquent beantworten. Damit hatte ich noch nie ein Problem. Für mich ist das genauso natürlich, als wenn ich im Studio sitze und irgendwelche Mütter ficke. Keines von beiden ist eine Rolle, die ich spielen muss.«[1]

Als ich ihn fragte, warum er im Vergleich zu vielen seiner damaligen Rapper-Kollegen einen aggressiveren Ton anschlug, brachte er es direkt auf den Punkt: »Das war keine bewusste Entscheidung. Das war einfach meine Interpretation. Man fragt ja auch keinen Elefanten, warum er sich verhält wie ein Elefant.«[2]

Diese aggressive Art zu rappen, ist nun endgültig im Mainstream angekommen. Bushido war einer der Vorreiter für einen Musikstil, der sich heute etabliert hat.

Fähnchen im Wind

Andere Künstler würden das vermutlich anders sehen. Sie wären nicht so ehrlich wie ein Bushido, der sich nicht um die Meinung anderer schert. Andere würden sagen: »Der Elefant soll sich lieber verhalten wie ein Hund, dann bekommt er viel mehr Aufmerksamkeit und Streicheleinheiten.«

Es ist die berühmte Schere zwischen »Was wollen die Menschen hören?« und »Was will ich den Menschen sagen?«. Nicht immer wollen die Menschen das hören, was wir ihnen zu sagen haben. Wir müssen uns für einen Weg entscheiden. Wer ehrlich und als Original sein Leben bestreiten will, kennt die Antwort.

Bushido sagte, er nehme große finanzielle Verluste in Kauf, um authentisch bleiben zu können – seine Kunst so zu vollziehen, wie sie ihn glücklich macht. Mit weichgespülter Einheitsmusik lässt sich sehr viel mehr verdienen, weil allein die Radiostationen Endlosschleifen von Mainstream-Musik spielen und den Künstlern dadurch Millionen-Tantiemen garantieren.

Eigene Maßstäbe

Bushido lässt sich jedoch in seine Musik nicht reinreden. Er produziert, was seinen Maßstäben entspricht, und bedient damit eine definierte Zielgruppe, die den »echten« Bushido will: »Die Presse über meine Person hat mir immer in die Karten gespielt. Meine Fans interessiert es nicht, ob die Bild-Zeitung schreibt, dass ich wegen Versicherungsbetrug vorbestraft bin. (...) Ich plane nicht im Voraus, eine Postfiliale in einem Tweet zu kritisieren oder die ESC-Teilnehmerin als Null zu bezeichnen. Das ist in dem Moment einfach meine Meinung.«[3]

Bushidos Auszeichnungen wie Dutzende Gold- und Platinalben in mehreren Ländern, fünf Echos, Comet, MTV Europe Music Award, Bambi und viele mehr geben ihm mehr als recht. Ihm selbst sind nur die Gold- und Platinauszeichnungen wichtig, denn diese werden nicht von Jurys vergeben, sondern basieren auf Verkaufszahlen. Somit verleihen ihm seine Fans durch Plattenkäufe die Auszeichnung. Das ist der Lohn für seine Treue sich selbst gegenüber. Er ist von sich und seinem Weg überzeugt und unterwirft sich eben nicht der Masse.

Vielleicht setzen auch Sie auf Ihrem Gebiet neue Standards, denen die Masse schlussendlich folgt. Wer weiß das schon?

Wird Ihr eigener, ehrlicher Weg immer von Erfolg gekrönt sein? Wahrscheinlich nicht. Wollen Sie sich am Ende des Tages im Spiegel in die Augen sehen können? Wahrscheinlich schon ...

Doch liegt die Gruppe immer falsch mit ihren Entscheidungen? Bestimmt nicht. In diesem Punkt wird Authentizität gerne falsch verstanden. Authentisch zu sein, bedeutet nicht, alles und jedem zu widersprechen, nur damit man etwas zu sagen hat. In manchen Punkten kann man durchaus konform gehen mit der Menge: »Ich bin ein stolzer bekennender Spießer, wenn das bedeutet, dass man einen gepflegten Garten mag und die Ruhezeiten in der Nachbarschaft einhält.«

Authentisch zu sein und seine eigene Meinung zu vertreten, bedeutet nicht, allen anderen zu widersprechen und nur die eigene Meinung gelten zu lassen. Es bedeutet vielmehr, seine eigene Meinung auch dann zu behalten und zu vertreten, wenn sie von anderen nicht akzeptiert wird.

Meinungsdifferenzen aushalten

Meinungsdifferenzen auszuhalten, manifestiert Stärke und Selbstbewusstsein. Das heißt, man weiß, wer man ist, und will es auch bleiben.

Ein starker, selbstbewusster Mensch wie Bushido akzeptiert, dass verschiedene Menschen verschiedene Meinungen vertreten. Jeder hat ein Recht auf seine eigene Meinung. Man kann sich jedoch auch das Recht herausnehmen, die andere Meinung nicht zu teilen. Bushido meint dazu: »Ich habe meinen eigenen Maßstab für Moral und Gerechtigkeit. Was für andere o.k. ist, muss für mich nicht automatisch auch o.k. sein. Und umgekehrt. Wenn ich singe, ‚in Berlin wirst du in den Arsch gefickt‘, meine ich das nicht schwulenfeindlich. Auch wenn das alle behaupten. In meinem Empfinden ist das nicht so. Und wenn das narzisstisch klingt, dann bin ich es halt. Scheiß drauf. Das stand mir ja nie im Wege. Ich bin kein Epileptiker, der gerne professioneller Videogamer sein will. In meiner Karriere war der Narzissmus nie hinderlich.«[4]

Zu wahrer Größe reift man vor allem dann, wenn man sich auf die Standpunkte des Gegenübers einlässt und sie versucht nachzuvollziehen. Wenn es gewichtige Argumente gibt, die die eigenen Ansichten ins Schwanken bringen, dann darf man wieder über sie nachdenken. Stures Festhalten an den eigenen Meinungen ist nämlich ebenso töricht.

Von Ecken und Kanten

Stehen Sie zu Ihren Ecken und Kanten. Sie sind nicht perfekt – andere sind nicht perfekt. Sie erscheinen stark, wenn Sie zu Ihren eigenen Fehlern auch öffentlich Stellung beziehen. Das macht Sie weniger angreifbar.

Bushido steht zu seinen Unzulänglichkeiten:»Ich kann keine Noten lesen und schreiben. Ich habe einen Ton gehört und der hat gepasst. Aber handwerklich war er falsch. Und ich habe heute noch mit den Produzenten Streit. ›Das ist die falsche Tonart.‹ Ist mir egal. Das ist wie meine persönliche Handschrift geworden in den Songs. Ich belasse die Dinge oft als Momentaufnahme. (...) Wenn wir alle nur perfekte Dinge machen würden, wären wir auch austauschbar. Wenn wir nur nach Formeln arbeiten würden, braucht mich keiner.«[5]

Sein amerikanischer Kollege, der Rapper Eminem, hat dies eindrucksvoll in seinem Film *8 Mile* gezeigt. Der Film hat starke autobiografische Bezüge. Bevor Eminem Millionen von Platten verkaufen konnte, stellte er sich sogenannten »Rap Battles«. Diese haben und hatten nur ein Ziel: den Gegner möglichst zu beleidigen und sich lustig über ihn zu machen. Der Sieger dieser verbalen Auseinandersetzung wird stets vom Publikum bestimmt.

Eminem folgte den »Standards« dieser Auseinandersetzungen, bis er im Finale war. Dort beschimpfte er vor allem sich selbst und ließ kein gutes Haar an sich. O-Ton Eminem: »Ich bin weiß, ich bin ein Penner, ich wohne im Wohnwagen mit meiner Mutter ...« Ein genialer Schachzug, denn das Gegenüber hatte nun keine Angriffspunkte mehr, auf die er einschlagen konnte, und so gewann Eminem die »Rap-Auseinandersetzung«. Schwäche zu zeigen, kann also durchaus stark machen.

Der berühmte Psychoanalytiker Erich Fromm untersucht in seinem Buch *Authentisch leben* vor allem die Motive hinter unserem Verhalten und Fühlen. Dies scheint auf den ersten Blick sonderbar, denn wer soll schon hinter unserem Denken und Fühlen stehen außer wir selbst? Die Antwort ist: die Gesellschaft und ihre Vorstellung von den Dingen. Ständig flüstert uns das Teufelchen auf der Schulter ein, was wir zu tun und zu lassen haben. So oft und beständig, dass wir denken, es wäre unsere eigene Stimme, die da mit uns spricht, unser Gewissen. Doch ist sie das immer?

Viele Menschen haben auch das Problem, zu vielen Dingen keinerlei Meinung zu haben, und vertrauen blind auf andere Meinungen. Was beim Kauf von Produkten noch relativ harmlos ist, wird bei der Gestaltung des eigenen Lebens zu einem großen Problem.

Die Herausforderung für uns ist, die wahren subjektiven Elemente von den scheinbar subjektiven Glaubenssätzen zu trennen. Die folgende Übung hilft Ihnen dabei, Ihrer eigenen Meinung auf die Schliche zu kommen.

Sie können sie Sie für wirklich jedes Thema durchführen, das Ihnen am Herzen liegt. Sie hilft dabei, Komplexität zuzulassen und die Strategien der Gegenseite zu erkennen und zu erleben. Sie profitieren in vielerlei Hinsicht durch diese Übung:

1. Sie lernen, wie Sie nach guten Quellen suchen, die Ihrer Meinung widersprechen oder sie bestätigen.
2. Sie setzen sich thematischen Konflikten aus und können diese als Chancen für eine Weiterentwicklung begreifen.
3. Sie erweitern Ihren Horizont.
4. Sie schärfen Ihre Meinung.
5. Sie können sich in die Lage Ihres Gegenübers versetzen.
6. Sie schulen Ihr Denken.
7. Sie lernen, sich auf ein Themengebiet zu konzentrieren.
8. Je mehr Sie wissen, desto neugieriger werden Sie.
9. Sie lernen, mit Widersprüchen umzugehen.
10. Sie lernen argumentative Fähigkeiten.

Coaching: Sich eine Meinung bilden

Nehmen Sie zwei Stühle und stellen Sie sie nebeneinander. Nun dürfen Sie sich für ein Thema entscheiden. Es kann ein politisches sein, aber gern auch Umwelt- oder Finanzthemen betreffen.

Zur Veranschaulichung wählen wir hier als Beispiel das Thema Selbstständigkeit: Stellen Sie sich die Frage, ob und inwieweit es für Sie Sinn machen könnte, sich selbstständig zu machen. Vielleicht haben Sie dazu schon eine Meinung, doch wie stichhaltig und fundiert ist sie wirklich? Kämen Sie mit anderen Informationen vielleicht zu einer anderen Meinung?

Um die eigene Meinung glasklar zu identifizieren, müssen wir auf der anderen Seite wissen, welche Meinung wir ablehnen und weshalb. Am besten ist es, sich in eine Person sprichwörtlich hineinzuversetzen. Nutzen Sie dazu nun die zwei Stühle: Auf dem einen Stuhl sind Sie ein erfolgreicher Unternehmer, der es geschafft hat, ein Imperium mit immensen Gewinnen aufzubauen. Auf dem anderen Stuhl sind Sie ein Angestellter, der Karriere in einem Großunternehmen gemacht hat.

Wollen Sie die Rolle tauschen, wechseln Sie einfach den Stuhl. Die örtliche Veränderung hilft Ihnen bei der Veränderung des Denkprozesses.

Finden Sie nun jeweils Argumente für und gegen eine eventuelle Selbstständigkeit bzw. ein Angestelltenverhältnis. Das müssen nicht nur nachweisbare Fakten, sondern können auch durchaus emotionale Tendenzen sein. Mit emotionalen Komponenten werden Sie sowieso konfrontiert, wenn Sie Ihrem Umfeld erzählen, dass Sie sich selbstständig machen wollen. Dann wären Sie schon bestens vorbereitet. Ziehen Sie für Ihre Meinungsbildung so viele Quellen heran wie möglich, die für und gegen diese Formen der Beschäftigung sprechen. Das können Artikel sein, das können Bücher sein, das können Interviews sein oder Statistiken, die die Meinung der jeweils einzunehmenden Rolle untermauern. Forschen Sie! Arbeiten Sie an Ihrer Meinung, sonst tun es andere!

Tragen Sie nun Ihre Argumente dafür und dagegen vor bzw. vertreten Sie sie, indem Sie in die jeweiligen Rollen schlüpfen.

MIT GELD UMGEHEN

WIE CARSTEN MASCHMEYER

Der Self-Made-Milliardär | Der Mythos Geld | Das Mittel zum Zweck | Ohne Moos nix los | Reichtum ist reine Einstellungssache | Geld ist die Folge von Erfolgen | Die Macht des Delegierens | Geld- und Selbstwert | Rebooten Sie Ihr Laufwerk

Wenn wir uns über das Thema Geld unterhalten, macht es Sinn, auf jemanden zu hören, der bereits viel Geld in seinem Leben verdient hat. Zu diesem Zweck eignet sich kaum jemand besser als der Milliardär Carsten Maschmeyer.

Der Self-Made-Milliardär

Er wuchs in einem Mutter-Kind-Heim in Niedersachsen auf, war leidenschaftlicher Athlet, wurde Bezirksjugendmeister im Mittel- und Langstreckenlauf, bei der Bundeswehr war er Sanitätsoffizier. Später studierte er in Hannover Medizin, sein Studium finanzierte er sich durch einen Nebenjob als Finanzberater.

Er bemerkte sehr schnell, dass er großes Talent für Finanzen und Kundenberatung hatte. Bald konzentrierte er sich hauptsächlich auf das Finanzgeschäft. Der Rest ist Geschichte. Er baute das international erfolgreiche Beratungsunternehmen AWD auf, durch das er später Milliardär werden sollte. Er positionierte sich in der Folge als Großinvestor und akquirierte junge und bestehende Unternehmen für seine Holding. Mit Vorliebe engagierte er sich in den Bereichen Forschung, Medizin und Gesundheit.

Maschmeyer ist der Überzeugung, dass wir nicht mit »Geldwissen« geboren werden, sondern es uns erst aneignen müssen. So früh wie möglich: »Man kann sich gar nicht früh genug mit Geld beschäftigen. Und deswegen gebe ich auch diesen ernst gemeinten, aber humorvollen Rat: Kinder sollten etwas über Geld lernen, zum Beispiel durch einen kleinen Kaufmannsladen oder Monopoly, um ein Gefühl für Geld zu entwickeln. Mein Taschengeld als Kind sollte immer in die Sparbüchse. Ich finde, man sollte Kinder auch lernen lassen, mit Geld umzugehen. Wenn ich in der ersten Woche fünfmal Eis kaufe, dann ist das Geld eben nach einer Woche weg.«[1]

Der Mythos Geld

Kaum ein anderes Thema beschäftigt die Menschen mehr als die Verbindung zwischen monetärem Wohlstand und dem individuell empfundenen Glück. Gleichzeitig ranken sich allerlei Mythen um das Thema Geld. Die einen sagen, es sei eine Voraussetzung dafür, glücklich zu sein, die anderen meinen, dass es sogar schädlich für die eigene Zufriedenheit und den Charakter sei.

Eine große Rolle bei der Verwirrung spielt hierbei auch die Wissenschaft. Die wissenschaftliche Erkenntnis, dass Geld doch einen maßgeblichen Anteil am Glücksempfinden hat, ist noch relativ jungen Datums. Angus Deaton, Ökonomieprofessor an der Princeton University in New Jersey, bekam für die Erkenntnis, dass mehr Geld glücklicher macht, 2015 sogar den Nobelpreis verliehen.[2]

Er und Professor Daniel Kahnemann werteten über 450.000 Interviews in den USA aus. Die simple Erkenntnis: Wenn mehr Geld vorhanden ist, muss man sich weniger Sorgen um dessen Beschaffung machen und kann sich anderen Dingen widmen. So etwas wie eine Glücksgrenze oder ein Maximum an Glück gibt es nicht, auch wenn das Glücksempfinden ab einer gewissen Einkommensschwelle langsamer wächst, proportional also abnimmt.

Das Mittel zum Zweck

Die Wahrheit liegt, wie so oft im Leben, in der Mitte. Geld macht als solches vielleicht nicht glücklich, es kann jedoch ein Mittel zum Zweck des Glücklichseins darstellen. In unserem täglichen

Leben begegnet uns das Thema Geld oder der Mangel an selbigem unentwegt.

Ihre Adresse, der Ort, wo Sie wohnen, hängt zum Beispiel davon ab. Können Sie es sich leisten, in einer gepflegten und wohlhabenden Straße zu wohnen, in der andere erfolgreiche Menschen leben und somit Ihr tägliches Umfeld bilden? Oder müssen Sie sich mit einem hässlichen Problembezirk zufriedengeben, in dem vor allem Armut und Demotivation herrschen?

Doch nicht nur der Ort, an dem Sie leben, wird durch Geld beeinflusst. Auch Ihr Bildungsstand und der Ihrer Familie. Können Sie Ihren Kindern zusätzliche oder weiterführende Bildungschancen finanzieren? Schicken Sie sie auf eine exzellente Privatschule, die mehrere Hundert oder gar Tausend Euro im Monat kostet, oder in eine öffentliche Einrichtung?

Auch das Erfüllen von langersehnten Herzenswünschen, wie das Bereisen ferner Länder, hängt maßgeblich von der Fülle Ihres Geldbeutels ab. Aus der Glücksforschung weiß man mittlerweile, dass die Investition in Aktivitäten wesentlich zum Zufriedenheitsstatus beiträgt. Dies gilt vor allem, wenn man diese Aktivitäten gemeinsam mit der Familie und Freunden durchführt. Man kann sich damit Erlebnisse und somit Erinnerungen »kaufen«. Carsten Maschmeyer dazu: »Erfolg und finanzieller Erfolg im Speziellen sorgen für ein erfülltes Leben. Wenn jemand ein gewisses Vermögen hat, hat er weniger Angst, arbeitslos zu werden. Wenn jemand Geld hat, kann er das Studium seiner Tochter finanzieren, sich um einen pflegebedürftigen Elternteil kümmern. Geld ist nicht immer Luxus und Verschwendung, sondern man kann sich fortbilden oder man kann reisen und seinen Horizont erweitern. In unserer Welt ist nun mal für Fortbildung oder Gesundheit Geld die Währung. Deswegen sollte man an die schönen und wertvollen Dinge denken, die man sich mit Geld leisten kann. Auch karitative oder soziale Projekte brauchen in der Regel Geld, und es ist schön, dass es in Deutschland immer mehr Vermögende gibt, die sich hier stark machen, um Benachteiligten zu helfen.«[3]

Ohne Moos nix los

Es stimmt: Sie können mit Geld kein Glück kaufen, doch Sie können selbiges damit maßgeblich beeinflussen. Das Gegenteil davon – nämlich kein Geld zu haben – macht auf Dauer extrem unglücklich. Maschmeyer zu diesem Thema: »Natürlich macht Geld alleine nicht glücklich. Aber wer den ganzen Tag finanzielle Sorgen hat, der ist bestimmt auch nicht glücklich. Es gibt sogar Studien, die besagen, dass man länger lebt, wenn man in besseren finanziellen Verhältnissen lebt.«[4]

Vielleicht hat Ihnen der Umstand, dass Ihnen Geld fehlt, bereits die eine oder andere schlaflose Nacht bereitet. Wenn Sie beispielsweise nicht wissen, ob Sie die nächste Miete bezahlen oder das Auto volltanken können.

Es ist in Ordnung, Geldsorgen zu haben. Es ist jedoch inakzeptabel, nicht an der Lösung des Problems zu arbeiten oder sich bei dem Thema sogar in die eigene Tasche zu lügen.

Reichtum ist reine Einstellungssache

Reichtum ist vor allem Kopfarbeit. Geld entsteht tatsächlich im Bereich zwischen Ihren Ohren. Ein Extrembeispiel: Denken Sie kurz an all die Superreichen, die Sie aus dem Fernsehen und den Zeitschriften kennen. All die Menschen, die Ihnen jetzt möglicherweise einfallen, haben irgendwann einmal darüber nachgedacht, was sie erschaffen oder leisten könnten. Dabei ging es in den seltensten Fällen um den materiellen Verdienst, zumindest nicht in erster Linie. Darüber hinaus hatten die wenigsten gleich zu Beginn Kapital, auf das sie bauen konnten. Wenn Sie sich die Geschichte verschiedener Großkonzerne ansehen: Google, Microsoft, Amazon und wie sie alle heißen, begannen ihren Erfolgslauf im Kopf der Gründer und in der Garage ihrer Familien.

Geld steht nicht am Anfang, sondern am Ende des Erfolgsprozesses. Sie brauchen nicht Geld, um zu beginnen. Sie brauchen Ideen und Leistungen, die sich in weiterer Folge in Geld verwandeln.

Geld ist die Folge von Erfolgen

Geld ergibt sich als Konsequenz aus der Umsetzung von Geschäftsideen oder Dienstleistungen, es ist keine Voraussetzung dafür. Dennoch wird dieser Umstand sehr gerne als Ausrede verwendet: »Ich finde keine Investoren.« »Niemand gibt mir Geld.« »Die Banken investieren nicht in mich.« »Ich bin pleite!«

Auch wenn ich an diesem Punkt mit einem Mythos aufräume: Fehlendes Kapital ist keine Ausrede dafür, die eigenen

Ideen nicht ins Rollen zu bringen. Wenn Sie kein Geld für die Verwirklichung Ihrer Projekte haben, dann müssen Sie an Ihrer Fähigkeit arbeiten, an Geld zu kommen. So einfach ist das.

Ein weiterer Mythos, der sehr schädlich für den Aufbau des eigenen Wohlstandes ist, ist zu glauben, dass man den einen großen Einfall haben müsste. Es müssen gar keine kreativen Ideen sein, die zu Geld führen. Sie müssen nur das Potenzial in sich tragen, Ihnen das gewünschte finanzielle Ergebnis zu liefern.

Sie können bestimmt spontan zehn Leute aufzählen, die vor Kurzem gesagt haben: »Auf diese Idee hätte ich auch kommen können!« oder die Folgendes von sich geben: »Man müsste mal so eine richtig gute Idee haben!« Vielleicht haben Sie sich selbst auch schon einmal bei solch einem Satz ertappt.

Die Hoffnung auf den einen Einfall, der Sie reich macht, versperrt Ihnen die Sicht auf die kleinen Schritte Richtung Geld. Denken Sie nicht gleich an die Erfindung des iPhones oder des Social Networks Facebook. Beginnen Sie beim Nachdenken über Ihren Job: Welchen zusätzlichen Nutzen könnten Sie Ihrem Unternehmen oder Ihren Kunden bieten, um finanziell dafür belohnt zu werden? Überlegen Sie, wie Sie jemand anderem einen Vorteil verschaffen können, und lassen Sie sich dann dafür bezahlen. So und nicht anders funktioniert Wirtschaft. Sie lösen das Problem von jemandem und werden dafür entlohnt.

Carsten Maschmeyer dazu: »Viel zu wenige Menschen beschäftigen sich mit Überlegungen, wie sie mehr Einnahmen erzielen können. Es geht ja nicht immer nur darum, Kosten zu reduzieren. Sie sollten sich fragen: Wie kann ich nebenbei etwas verdienen, wie kann ich Karriere oder mich selbstständig machen?«[5]

Die Macht des Delegierens

Wir haben das Industriezeitalter längst verlassen, in dem die Muskelkraft der einzige Einkommensfaktor war. Das machen heute und künftig sowieso Maschinen. Früher war es mehr als schwierig, die eigene Leistung zu multiplizieren. Glücklicherweise haben sich inzwischen die Rahmenbedingungen verändert.

Die Managementlegende Peter Drucker nannte einmal den »Schlüsselmitarbeiter« in den Unternehmen »Wissensarbeiter«. Nicht mehr Tätigkeiten, sondern Ergebnisse werden gut bezahlt. Trotzdem verbringen die meisten Menschen 80 Prozent ihrer Zeit mit der bloßen Erledigung von »Aufgaben«, statt an wahren Erfolgen zu arbeiten.

Sollten Sie es schaffen, dieses Verhältnis umzukehren und mehr an den eigenen Erfolgen zu arbeiten – also nicht mehr effizient, sondern effektiv zu sein –, dann können Sie sogar reich werden. Auf dem Weg dahin wird Ihnen jedoch irgendwann nichts anderes übrig bleiben, als die offenen »Aufgaben« zu delegieren. Sie beauftragen also andere damit und bezahlen sie dafür, Tätigkeiten für Sie auszuführen, damit Sie an Ihren Erfolgen arbeiten können. Dies ist eine sogenannte Win-win-Situation. Die Beauftragten bekommen Geld dafür, dass sie Aufträge abarbeiten, die sie mindestens so gut wie Sie erledigen. Sie haben es in der Hand, die Qualitätskriterien nach oben zu schrauben. Gleichzeitig bekommen Sie Zeit, an den eigenen Themen zu arbeiten. Carsten Maschmeyer dazu: »Es gibt nicht den einen Stein der Weisen, aber es gibt eine Wissenssteinsammlung. Im Privatleben hilft es, positiv zu sein, eine gute Geisteshaltung zu haben. Für den Umgang mit Geld, das schreibe ich ja auch, braucht man Finanzunterricht. Dazu gehört auch, sich mit Zeitmanagement auszukennen. Man ist dann beruflich effizienter und hat mehr Zeit für die Work-Life-Balance. Und genau dieser Mix macht den Unterschied: Durchhaltevermögen, Geldvermögen, Zeitvermögen.«[6]

Durch geschicktes Delegieren gewinnen Sie Zeit und können sich auf wichtige Themen fokussieren und die Ergebnisse multiplizieren. Dies wird sich in Form von Geld bemerkbar machen, weshalb die Beauftragung von anderen Menschen wichtig auf Ihrem Weg zu nachhaltigem Erfolg ist. Tatsächlich ist es sogar der einzige Weg, effektiver zu sein. Sie werden dieses Verhalten bei allen Erfolgreichen beobachten können.

Geld- und Selbstwert

Und noch einen wichtigen, vielleicht sogar den wichtigsten Punkt haben Vermögende verstanden: Sie glauben, dass sie es wert sind, viel Geld zu besitzen.

Es hat viel mit Ihrer persönlichen Einstellung und Ihrem Selbstwertgefühl zu tun, ob Sie reich sind oder nicht. Erstaunlicherweise denken die meisten Menschen, dass sie es nicht wert sind, viel Geld zu besitzen – oder zumindest zu bekommen. Ob sie es nachher behalten, ist wieder eine andere Frage und hängt von vielen weiteren Faktoren ab. Wie wir letztlich mit Geld umgehen, hängt von unserem finanziellen Verhaltensmuster ab. Dieses wiederum wird massiv von unseren Glaubenssätzen in Bezug auf das Thema Reichtum beeinflusst.

Fragen Sie sich selbst, welche Glaubenssätze in Bezug auf Geld bei Ihnen zu Hause herrschten. Vielleicht solche:

- Geld ist schlecht!
- Geld verdirbt den Charakter!
- Wer reich ist, hat andere übers Ohr gehauen!
- Geld wird überbewertet!
- Nur Gauner können reich werden!
- Mit ehrlicher Arbeit kann man kein Vermögen verdienen!

Diese Vorannahmen sind wie ein vergifteter Boden, auf dem niemals Geld wachsen kann. Wie soll Geld angezogen werden, wenn Sie es nicht schätzen, vielleicht insgeheim sogar ablehnen? Selbsterfüllenden Prophezeiungen werden hier Tür und Tor geöffnet.

Rebooten Sie Ihr Laufwerk

Jeder von uns hat sozusagen eine Software, eine Programmierung, die automatisch anspringt, sobald es um Geld geht. Solch eine Programmierung haben Sie übrigens bei allem im Leben – auch bei Beziehungen, Gesundheit, usw. Carsten Maschmeyer sieht das ähnlich: »Ich gehe sehr auf das Mentale ein und nicht immer auf das Finanztechnische. Wer sein Finanzverhalten verändert, ändert auch sein Lebensverhalten. Zum Sparen, zum Einnahmen-Erzielen gehören Mut, Ausdauer und Konsequenz. Wenn man das an den Tag legt, kann man tatsächlich sein Leben verändern. Dann reduziert man seine Kosten und investiert mutig, aber mit genug Ausdauer.«

Ihr Einkommen und Ihr Vermögen sind also davon abhängig, wie Sie innerlich programmiert sind. Denn dieses innere Programm steuert Ihr Verhalten. Das ist eigentlich eine gute Nachricht, denn es besagt auch, dass Sie Herr über Ihre Gedanken und Verhaltensweisen sind: Wenn Sie bemerken, dass Ihre Programmierung Sie nicht ans Ziel bringt, ändern Sie sie einfach. Nun gut, so einfach ist es nicht, wenn Sie Jahrzehnte nach diesen Programmen gehandelt haben. Doch es sind nur Programme und Sie selbst entscheiden, wie viel Macht Sie ihnen zugestehen.

Auch wenn es schwer ist, Gewohnheiten zu ändern, ist es doch möglich und oft auch empfehlenswert. Überall dort, wo Sie Defizite entdecken, sollten Sie einen Plan aufstellen und sich daranmachen, Ihre festgefahrenen Muster zu überarbeiten.

Coaching: Der richtige Umgang mit Geld

Wir sehen uns in diesem Teil die wichtigsten Elemente an, um Ihren Umgang mit Geld in die richtige Richtung zu lenken.

Ihr persönlicher Geld-Nährboden

Nachdem wir nun wissen, dass unsere Programmierung dafür verantwortlich ist, wie wir mit Geld umgehen, werfen wir jetzt einen Blick auf die Schaltkreise dafür.

Nehmen Sie dafür bitte Stift und Papier in die Hand und vervollständigen Sie folgende Sätze:

- Geld ist gut, weil ...
- Geld hilft mir dabei, ...
- Je mehr Geld, desto ...
- Ich habe mehr Geld verdient, weil ...
- Mit meinem ersparten Geld möchte ich ...
- In diesen Bereichen meines Lebens könnte ich Kosten einsparen: ...
- So kann ich an zusätzliches Geld kommen: ...

Finden Sie zu jedem Satz so viele Antworten, wie Sie können. Je näher Sie an der 100er-Grenze sind, desto besser. Geben Sie sich nicht mit einer oder zwei Antworten zufrieden, denn diese werden die Basis für Ihre neuen Geldgewohnheiten sein.

Sie müssen das Geld schätzen lernen, um gut damit umgehen zu können und mehr davon zu bekommen.

Best in Practice

Wir lernen vor allem durch Nachahmung. Das fängt bereits in der Kindheit an und erstreckt sich bis ins hohe Alter. Deshalb ist es wichtig, sich in ein Umfeld zu begeben, in dem die angestrebten Werte bereits umgesetzt sind.

Der berühmte amerikanische Redner Jim Rohn hat einmal gesagt, dass wir selbst im Durchschnitt die Summe der fünf Menschen sind, mit denen wir die meiste Zeit verbringen. Egal, ob man dieser Aussage Glauben schenkt oder nicht, das persönliche Umfeld hat natürlich Auswirkungen auf uns. Es hat beispielsweise Auswirkungen auf unsere Stimmung. Stellen Sie sich vor, sie wären mehrere Stunden am Tag mit mies gelaunten Menschen in engem Austausch. Ihre Laune wird früher oder später ebenfalls in Mitleidenschaft gezogen. Wenn Sie sich in eine fröhliche oder sogar lachende Umgebung begeben, dann hat dies unweigerlich die Konsequenz, dass auch Sie in eine bessere Stimmung kommen.

Ähnliches kann man über Geld sagen. Wenn Sie Menschen um sich versammeln, die Probleme mit Geld haben, dann kann das auf Sie abfärben. Wenn Sie sich mit Menschen umgeben, die mit Geld umgehen können, dann hat dies positive Auswirkungen auf Ihr Denken und folglich auch auf Ihren Geldbeutel.

Analysieren Sie Ihr Umfeld und ziehen Sie entsprechende Konsequenzen daraus:

- Welche Menschen in Ihrem Umfeld haben einen guten Umgang mit Geld?
- Wer beeinflusste Sie bis dato negativ in Geldfragen?
- Was stört Sie an Ihrem derzeitigen Umgang mit Geld?
- Welche Veranstaltungen können Sie besuchen, um Menschen zu erreichen, denen Geld viel bedeutet?

ZU EINER MARKE WERDEN

WIE DANIELA KATZENBERGER

Sichtbarkeit | Markenvertrauen | Einen Standpunkt einnehmen | Katzenpower | Markenlügen | Selbst-Bewusstsein | Markenpower | Die Mär von der Reichweite

Niemals zuvor konnten wir mit so wenig Aufwand eine so große Reichweite erzielen. Noch nie in der Geschichte der Menschheit konnten wir unsere Ideen so schnell unters Volk bringen wie im Zeitalter des Internets und der sozialen Medien. Die Welt scheint mit jedem Tag enger zusammenzurücken. Die Möglichkeiten sind also da, aber wie können wir sie für unsere Ziele nutzen?

Sichtbarkeit

Eines steht fest: Egal, ob man ein Unternehmen aufbauen oder Spenden für notleidende Menschen sammeln möchte: Wer Erfolg will, muss andere Menschen für sich gewinnen können. Dies hat weniger mit Sympathiegewinnung, sondern mit Vertrauensgewinnung zu tun. Und vertrauensvoll wirkt man zum großen Teil, wenn man bekannt ist. Vertrauen und Bekanntheit befruchten sich also gegenseitig. – Doch hinzuzufügen ist, dass sie nur den Rahmen darstellen, ohne Füllung sind sie brotlose Kunst. Um wiedererkannt zu werden bzw. bekannt zu sein, müssen Sie für etwas stehen, man muss Sie mit einem bestimmten Attribut in Verbindung bringen, sonst gehen Sie im medialen Sperrfeuer des Alltags einfach unter. Wir leben in einer Zeit, in der es wertvoll ist, gesehen zu werden. Denn wer wahrgenommen wird, dem wird man auch Gehör schenken. Der berühmte amerikanische Filmregisseur und Autor Woody Allen treibt dies mit dem folgenden Zitat sogar auf die Spitze: »Das Leben besteht zu drei Vierteln daraus, sich sehen zu lassen.«[1]

Wenn wir uns die Möglichkeiten der sozialen Medien vor Augen führen und unseren Umgang damit, so scheint er durchaus recht zu haben mit seiner Meinung. Die soziale Plattform Instagram beispielsweise funktioniert hauptsächlich über das Medium Bild, beziehungsweise über kurze Videos. Sehen und gesehen werden, heißt die Devise. Gleichzeitig können Marken-Botschaften mittransportiert werden.

Markenvertrauen

Erinnern Sie sich an die Werbespots mit dem Babynahrungs-hersteller Claus Hipp? »Dafür stehe ich mit meinem Namen«, sagte er stets am Ende der Spots. Das schuf Vertrauen. Denn Menschen mögen es, wenn jemand für etwas steht. Menschen vertrauen bekannten Namen und Marken, denn jene schaffen Sicherheit und ermöglichen Entscheidungen.

Es liegt in unserer Natur, dass wir Unbekanntem misstrauen. Marken – egal, ob menschliche oder unternehmerische – schaffen Unterscheidbarkeit. Es gibt wenige Menschen, die sich zu starken Marken keine Meinung gebildet haben. Starke Marken polarisieren auch. Die wahre Aufgabe auf dem Weg zum Erfolg besteht also in einer Form der Polarisierung.

Einen Standpunkt einnehmen

Deswegen ist es förderlich auf Ihrem Weg zum Erfolg, dass Sie nicht unbekannt, sondern bekannt *für etwas* oder *als jemand* sind. Das soll nicht bedeuten, dass Sie sich bei jeder Gelegenheit in den Vordergrund spielen sollen, sondern vielmehr, dass Sie öffentlich für etwas einstehen. Dass Sie für Ihr Projekt, Ihr Produkt oder Ihre Leistung mit Ihrem Namen stehen, so wie Claus Hipp dies sehr schön demonstriert hat. Damit werden Sie auf Dauer zu einer menschlichen Marke.

Hier geht es weniger um eine Strategie, möglichst bekannt zu werden. Die besten Marken haben zwar eine Strategie, jedoch steht und fällt diese mit dem Grad der Ehrlichkeit dahinter.

Wenn die Produkte von Claus Hipp nicht einwandfrei wären, dann würde dies massiv auf ihn persönlich zurückfallen. Wenn Sie für Dinge einstehen, nur weil es dem Mainstream entspricht, wird Ihnen dies eher früher als später negativ ausgelegt. Gleiches gilt für den umgekehrten Fall – wenn Sie immer nur gegen den Mainstream argumentieren. Provokation um der Provokation willen wird nicht funktionieren.

Eine nachhaltige Marke können Sie ausschließlich auf dem Fundament der Ehrlichkeit erbauen. Alles andere ist sinnlos und im besten Fall nur von flüchtigem Erfolg gekrönt.

• • • • • • • • • • •

Fragen Sie sich: Wofür will ich einstehen?
Was möchte ich in meinem Leben bewegen?

• • • • • • • • • • • • • • •

Katzenpower

Stichwort Krone: Daniela Katzenberger begann, ihre Bekanntheit und Markenidentität in der Kneipe ihrer Mutter aufzubauen. Sie benötigte also nicht die Weltbühne, um sich einen Namen zu machen.

Es begann in ihrem unmittelbaren Umfeld, wie sie erzählte: »Du stehst in der Kneipe und hast 20 Leute vor dir an der Theke sitzen und musst versuchen, dich mit jedem zu unterhalten. Du musst so reden, dass sich jeder angesprochen fühlt. Das konnte auch Marilyn Monroe. (...) Dafür war die Gastronomie die beste

Schule, weil ich schon früh meine Bühne hatte mit Leuten, die mir zugehört haben.«[2]

Auch Sie können sich ein Fundament bauen, um sich in weiterer Folge einen Namen zu machen. Zuerst im kleinen, vertrauten Kreis, der mit jedem Tag größer wird. Denken Sie an die kleinen Schritte, die einzelnen Gespräche und nicht an den großen Wurf. Markenaufbau ist geprägt von Kontinuität. Widmen Sie sich kontinuierlich den Themen, die Ihnen wichtig erscheinen. Tag für Tag und Gespräch für Gespräch.

Das Beispiel Daniela Katzenberger zeigt, dass man nicht Perfektion oder Angepasstheit anstreben muss, um als Marke wahrgenommen zu werden. Ihre ersten TV-Auftritte absolvierte sie 2009 im VOX-Reality-Format *Auf und davon – Mein Auslandstagebuch*. Dort wurde sie dabei begleitet, wie sie – erfolglos – versuchte, mit Playboy-Gründer Hugh Hefner Kontakt aufzunehmen.

Diese Auftritte haben ihr natürlich dabei geholfen, sichtbar zu werden. Doch wirklich bekannt wurde sie durch ihre unangepasste und ehrliche Art. Sie zeigte sich unverstellt als Mensch mit Ecken, Kanten und echten Gefühlen. Die Zuschauer belohnten diese Ehrlichkeit und wollten mehr von ihr sehen. Der Rest ist Geschichte.

Daniela Katzenberger hat ihr Talent erkannt, andere zu unterhalten, und machte dies zu ihrem Markenzeichen. Ob nun mit ihren TV-Formaten, Büchern, Liedern oder ihrem Magazin – ihre Leidenschaft für die Unterhaltung ist ein ehrliches Kennzeichen ihrer Arbeit: »Es ist abhängig von der Präsenz, der Sympathie und dass die Leute einfach gerne hingucken. (...) Deswegen versuche ich, authentisch zu sein und nur Dinge zu machen, von denen ich überzeugt bin.«[3]

Daniela Katzenberger feiert genau aus diesem Grund ihre Erfolge – weil sie sich nicht verstellt. Sie ist beispielsweise eine der wenigen Promi-Frauen, die sich ungeschminkt, direkt nach dem Wachwerden, filmen lassen.

Markenlügen

Das absolut Wichtigste bei Ihrem Markenaufbau ist also Folgendes: Sie dürfen auf gar keinen Fall vorgeben, jemand anderer zu sein! Daniela Katzenberger sieht dies auch so: »Versucht nicht, euch zu verstellen und mich nachzumachen. (...) Das ist doch bekloppt, denn mich gibt es ja schon.«[4]

Die Menschen haben ein besseres Gespür dafür, als Sie denken. Wenn Sie nicht authentisch sind, werden die Leute ein komisches Bauchgefühl Ihnen gegenüber entwickeln und Sie unterbewusst als Lügner abstempeln.

Darum brauchen Sie für Ihre Markenbildung, im wahrsten Sinne des Wortes, Selbstbewusstsein.

Selbst-Bewusstsein

Was lediglich bedeutet, dass Sie wissen sollten, *wer* Sie sind und *welche Werte* Ihnen wichtig sind. Sie müssen kein talentierter Redner sein oder charismatisch aussehen. Ich nenne Ihnen sofort einige der reichsten Menschen der Welt, die weder gut sprechen können noch besonders attraktiv aussehen. Das ist nicht nötig für ein selbstbewusstes und charismatisches Auftreten. Es heißt nur, dass man weiß, *wer* man ist, und dies bewusst nach außen trägt. Genau diese Punkte waren auch ausschlaggebend für den nachhaltigen Erfolg von Daniela Katzenberger – sie imitierte keine andere Person. Die Zuschauer nehmen es ihr ab, dass sie so ist, wie sie sich im Fernsehen gibt. Sie identifizieren sich ein Stück weit mit ihr. Diese Identifikation und der Wunsch, ähnlich authentisch zu sein, waren und sind noch immer die Basis für ihren anhaltenden Erfolg.

Selbstbewusste Menschen wissen, was sie wollen und was sie gut können. Dies ist mindestens so wichtig, wie zu wissen, was man nicht kann oder will. Dieses Wissen werden die anderen als Stärke auslegen und einen dafür respektieren.

Wenn Sie sich ehrlich positioniert haben, werden Sie mehr und mehr als Persönlichkeit wahrgenommen. So steigt Stück für Stück Ihre Bekanntheit. Sie werden tendenziell Gleichgesinnte um sich versammeln. Die Voraussetzung ist natürlich, dass Sie tatsächlich etwas tun bzw. für etwas einstehen. Das kann Ihr soziales Projekt, Ihr Unternehmen, Ihr Produkt oder Ihr Lebensstil sein – wie im Falle von Daniela Katzenberger.

• • • • • • • • • • •

Fragen Sie sich: Was möchte ich zu meinem
Thema machen und wie trage ich es nach außen? –
Die Möglichkeiten sind unbegrenzt.

• • • • • • • • • • • • • • • •

In jedem Fall wird Ihnen Ihre Bekanntheit helfen, etwas zu bewirken. Wollen Sie wie Daniela möglichst viele Menschen unterhalten – nicht nur die 20 am Tresen? Dann tun Sie gut daran, durch Ihre Bekanntheit ein größeres Publikum aufzubauen und so Ihr Ziel zu erreichen.

Oder wollen Sie Menschen und Institutionen für ein soziales Projekt gewinnen? Dann ist es hilfreich, wenn man entweder schon mal von Ihnen gehört hat oder man Sie zumindest bei Google und Co. mit Ihrem Thema finden kann.

Markenpower

Niemand will einem Nobody auf Anhieb Vertrauen schenken. Der muss es sich erst über einen längeren Zeitraum verdienen. Jemandem, der öffentlich für etwas steht, bringen die Menschen leichter und schneller Vertrauen entgegen. Wenn Sie zu einer Marke geworden sind, ist das wie ein Nährboden. Sie können neue Ideen schneller umsetzen, weil man Sie kennt und Ihnen einen Vertrauensvorschuss gibt.

Daniela Katzenberger hat es eindrucksvoll bewiesen. Sie nutzt ihren eigenen Namen heute dafür, Produkte und Unternehmen bekannt zu machen. Teils fremde, teils eigene. Sie rangierte mit ihrem Buch: *Sei schlau, stell dich dumm* auf Rang 1 der Spiegel-Bestseller-Liste.

Daniela Katzenberger wirkt aufgrund ihrer ehrlichen und unverblümten Art wie ein Multiplikator. Shane Snow bezeichnet diese Menschen oder Organisationen in seinem Buch »Smartcuts« als »Superkonnektoren«. Sie bieten schnellen Zugang – zum Beispiel zu einer Zielgruppe. Wenn Daniela etwas zu sagen hat, postet sie es auf ihrem Facebook-Profil. Kurze Zeit später wissen ihre 2,5 Millionen Follower Bescheid.

Die Mär von der Reichweite

Doch Sie müssen gar nicht galaktische Reichweiten anstreben. Oft reicht es auch aus, in Ihrer Branche die richtigen Menschen zu kennen oder noch besser: Die richtigen Menschen kennen Sie und Ihre Ideen. An diesem Punkt haben Sie es tatsächlich geschafft, sich einen Namen zu machen. Denn dann wird immer Ihr Name fallen, wenn es um ein bestimmtes Thema geht.

Aber auch bei der Markenbildung ist es wie mit Ihren Zielen selbst. Sie müssen es ernst meinen. Wenn Sie keine ehrliche Entscheidung getroffen haben, werden die ersten Stolpersteine für Sie unüberwindbare Hürden auf Ihrem Weg sein.

Coaching: Das Self-Branding

Auch wenn es nicht immer so scheint, im Prinzip mögen Menschen Menschen. Vor allem die ehrliche Sorte davon. Wir kaufen gerne von ehrlichen, aufrichtigen Menschen. Wir lauschen gerne authentischen und ungekünstelten Personen. Wir verbringen gerne Zeit mit ihnen. Sowohl im realen Leben als auch in den sozialen Medien.

Vermeiden Sie auf jeden Fall, von jedem Menschen geliebt werden zu wollen. Das funktioniert sowieso nicht, sondern sorgt nur dafür, dass Sie am Ende Ihre eigenen Ecken und Kanten weggeschliffen haben. Der Schlagerstar Heino hat dies so formuliert: »Viele lieben mich, viele nicht. Aber jeder kennt mich. Das ist das Schöne.«

Die übergeordnete Frage im Markenaufbau lautet: Was sind Ihre Ecken und wofür wollen Sie sie einsetzen?

Das 3-Phasen-Modell des Self-Brandings

1. FINDUNGSPHASE

Wichtige Fragen in dieser Phase sind:

- Welches sind Ihre Werte?
- Welchen Themen bzw. Menschen möchten Sie sich in Ihrem Leben widmen?
- Was sollen andere Menschen über Sie denken?

Vielleicht wollen Sie sich als Experte positionieren. Dies kann über mehrere Wege funktionieren. Sie könnten ein Buch verfassen, Sie könnten Blogartikel schreiben, einen Podcast betreiben oder You-Tube-Videos drehen. Wichtig ist, sich mit einem oder mehreren Themengebieten intensiv und aus verschiedenen Blickwinkeln zu beschäftigen. Dies kann sogar darin gipfeln, dass Sie ein völlig neues Teilgebiet erschaffen, das noch von niemandem abgedeckt wird.

Doch Sie müssen nicht unbedingt neue Botschaften »erfinden«. Oft reicht die individuelle, von Ihrer Person geprägte »Verpackung« der Botschaft dafür aus. Je besser Sie es schaffen, Ihre Persönlichkeit in Ihre Aussagen zu packen, desto eher wird es Ihnen gelingen, eine merk-würdige Marke aufzubauen. Im Falle von Daniela Katzenberger ging es wohl nicht um Expertenstatus, sondern um Persönlichkeit. Sie steht für Offenheit und Ehrlichkeit. Ihre Werte trägt sie ohne Wenn und Aber nach außen. Jede Handlung ist von ihren Grundwerten geprägt.

2. SICHTBARKEITSPHASE

Wichtige Fragen in dieser Phase sind:

- Wie können Sie Ihre Botschaft/Dienstleistung/Methode/ Überzeugung sichtbar machen?
- Wie viel Zeit und Geld sind Sie bereit, dafür zu investieren?
- Wer hat es in Ihrem Bereich schon erfolgreich vorgemacht?

Dies kann über TV-Auftritte funktionieren, wie bei Daniela Katzenberger. Wenn Sie außergewöhnliche Projekte aufgrund Ihrer Werte ins

Leben rufen, kommt die Presse automatisch bzw. kann sie leicht davon überzeugt werden, über Sie zu berichten. Je größer und außergewöhnlicher diese Projekte sind, desto eher werden sie auffallen.

Wenn dies nicht der Fall ist, kann Markenaufbau auch im Kleinen funktionieren. Wie bereits vorher erwähnt, müssen Sie Ihre Grundwerte mit jeder Faser Ihres Körpers ausstrahlen. In jedem Gespräch, in jedem Interview, in jeder geschriebenen Zeile muss dies wahrnehmbar sein.

Der informatorische und wertebasierte Teil ist eine Seite der Medaille. Es gibt jedoch auch den visuellen Bereich. Hier sollten Sie für Wiedererkennung sorgen. Dazu müssen Sie keine außergewöhnliche Frisur oder Haarfarbe haben. Es kann beispielsweise ein bestimmtes Stecktuch sein, das Sie ständig an Ihrem Sakko haben. Es kann auch ein immer gleichfarbiges Sakko sein, welches für Wiedererkennung sorgt. Dieser visuelle Teil kann durchaus subtil sein, nur muss er immer umgesetzt werden, um seine Wirkung zu entfalten.

Für Wiedererkennung können auch Ihr unverkennbares Lächeln oder Ihre Augen sorgen.

3. VERTRAUENSBESTÄTIGUNGSPHASE

Wichtige Fragen in dieser Phase sind:

- Wie können Sie den Vertrauensvorschuss zurückbezahlen?
- Wie können Sie beweisen, dass Sie Ihre Versprechen auch umsetzen?

- Wie können Sie dafür sorgen, dass noch mehr Menschen von Ihrem Wissen bzw. Ihren Überzeugungen profitieren?

Auf die Sichtbarkeitsphase folgt schlussendlich die Bestätigungsphase. Die Menschen in Ihrem Umfeld sollen den Beweis bekommen, dass Sie Ihre Botschaften in der Realität auch tatsächlich zur Anwendung bringen. Wenn Sie beispielsweise Spenden gesammelt haben, dann muss Ihr Umfeld mitbekommen, wie die Gelder eingesetzt wurden. Das wiederum erhöht die Sichtbarkeit und das Vertrauen in die nächsten Projekte.

Wenn Sie Verkaufstrainer sind und eine neue Verkaufsmethode entwickelt haben, dann müssen die Menschen in Ihrem Umfeld erfahren, wie wirkungsvoll Ihre Methode tatsächlich ist. Je öfter Sie dies nachweislich erfolgreich kommunizieren, desto glaubwürdiger werden Sie als Marke.

Egal, in welchem Bereich Sie eine Marke aufbauen möchten, wichtig ist, dass Sie kontinuierlich und dauerhaft an Ihren Themen arbeiten. Natürlich können Sie aufgrund eines glücklichen Zufalls schnell bekannt werden, doch in der Regel gleicht ein Markenaufbau eher einem Marathonlauf als einem 100-Meter-Sprint.

SELBSTDISZIPLINIERT LEBEN

WIE JÜRGEN DREWS

Mit dem Steuer in der Hand durchs Leben gehen | Achillesfersen sind o.k. | Drews und Disziplin | Vom Glück der Disziplin | Die Freiheit der Selbstdisziplin | Wiederholung ist der Schlüssel | Frustration | In Vorleistung gehen | Schmerz | Aufschub | Keine Macht der Ablenkung | Ent-Scheidung

S tellen Sie sich folgende Frage: Was können Sie im Leben eigentlich erreichen, wenn Sie undiszipliniert sind? Klar, auch ein blindes Huhn findet mal ein Korn, wenn es lange genug in der Gegend herumpickt. Aber damit überlassen Sie Ihr Leben dem reinen Zufall. – Was für eine grausame Vorstellung, wenn man keinen direkten Einfluss auf den eigenen Erfolg ausüben kann!

Mit dem Steuer in der Hand durchs Leben gehen

In der Persönlichkeitsbildung wird Selbstdisziplin, also eine Form der Selbstbeherrschung angestrebt. Sie beinhaltet vor allem zwei Aspekte. Erstens: den zeitlichen Aspekt: Wer selbstdiszipliniert an das Verfolgen der eigenen Ziele geht, der macht dies stetig und über einen längeren Zeitraum. Und zweitens den Aspekt des selbstbeherrschten Handelns. Die Kontrolle über das eigene Leben kann nur dann als selbstdiszipliniert bezeichnet werden, wenn es über einen längeren Zeitraum gelingt. Eine Schwalbe macht also noch lange keinen Sommer.

Wenn Sie sich beispielsweise das Ziel gesetzt haben, zehn Kilo abzunehmen, dann ist ein einmaliges Nein-Sagen zu einem kalorienreichen Dessert zwar eigenverantwortlich, da Sie es selbst entschieden haben. Es hat aber so gut wie keine Auswirkung auf Ihren Diät-Erfolg. Der stellt sich nämlich nur ein, wenn Sie dauerhaft Nein sagen können.

Achillesfersen sind o.k.

Wenn Sie großen Erfolg haben möchten, müssen Sie ihn selbst steuern. Das können Sie nur, wenn Sie sich »im Griff haben«.

Viele Menschen machen sich lustig über diejenigen, die sich selbst nicht im Griff haben. Denken Sie beispielsweise daran, als Sie das letzte Mal im Fernsehen oder in einer Zeitschrift von einer Alkoholeskapade eines Prominenten erfahren haben. Peinlich! Der hat sich wieder nicht im Griff gehabt. Doch genau solche Geschichten lenken nur von uns selbst ab.

● ● ● ● ● ● ● ● ● ● ●

Fragen Sie sich: In welchen Bereichen lasse ich mich selbst gelegentlich gehen?

● ● ● ● ● ● ● ● ● ● ● ● ● ● ●

Wir alle haben unsere Achillesfersen. Wichtig ist zu wissen, welche dies sind und wie wir daran arbeiten können.

Es müssen nicht gleich Alkoholeskapaden sein – obwohl die meisten Menschen tatsächlich zu ungezügelt trinken. Ich habe früh verstanden, dass Selbstbeherrschung eine der mächtigsten Kräfte auf dieser Welt ist. Mit 18 habe ich begonnen, Bücher über erfolgreiche Menschen zu lesen. Ich habe gelernt, dass die meisten von ihnen wenig bis gar keinen Alkohol trinken und nicht rauchen. Dabei geht es gar nicht um das Trinken oder Rauchen an sich. Dass dies schlechte Gewohnheiten sind, die uns nicht guttun, werden wohl die wenigsten verneinen. Mir geht es hier nicht um den gesundheitlichen Aspekt, sondern um die Kultivierung der Selbstdisziplin. Ich beispielsweise möchte mir täglich neu beweisen, dass ich die angestrebte und für einen Erfolg so notwendige Selbstdisziplin auch tatsächlich umsetzen kann.

Drews und Disziplin

Jürgen Drews ist ein wunderbares Beispiel für Disziplin bzw. Selbstdisziplin. Mit seinen über 70 Jahren und rund sechs Dekaden im Showbusiness sieht er so aus, als ob der Zahn der Zeit sich die Zähne an ihm ausgebissen hätte. Dies hat natürlich etwas mit den Genen zu tun, aber auch mit Disziplin. Talente und gute Ausgangspositionen sind nur halb so viel wert, wenn nicht kontinuierlich an und mit ihnen gearbeitet wird.

Jürgen Drews über sein Aussehen: »Erstens sind es die Gene. Zweitens musst du sie so bedienen, dass du nicht alles wieder kaputt machst, was der Gott dir mitgegeben hat. Du musst dich in deiner Haut und vor allem mit deiner Umgebung wohlfühlen.«[1] Was für den Körper gilt, gilt natürlich ebenso für den Geist. Versuchen Sie beispielsweise – diszipliniert – den Fernsehkonsum zu minimieren und stattdessen etwas Produktives voranzutreiben. Beginnen Sie Bücher über Geld und Erfolg zu lesen, statt sich von irgendeiner Fernseh-Soap berieseln zu lassen. Es könnte der erste Schritt in ein Leben voller Selbstdisziplin sein, welches sehr positive Auswirkungen für Sie bereithält.

Vom Glück der Disziplin

Ich erkannte früh, dass die Kontrolle über sich selbst die Basis für alle Erfolge darstellt. Deshalb wollte ich lernen, mich zu disziplinieren. Alkohol, Zigaretten, TV-Konsum und außerdem noch Zucker und Fast-Food-Restaurants schienen mir gute Anfänge zu bieten, meine Selbstbeherrschung zu trainieren. Ich bemerkte schon nach wenigen Tagen, wie der Verzicht auf all diese Dinge nicht nur meiner Gesundheit guttat, sondern auch meinem Selbstvertrauen. Ich begann sprichwörtlich, mir selbst großes Vertrauen entgegenzubringen. Ich konnte mich auf mich selbst verlassen. Fortan traute ich mir immer größere Dinge zu. Klar, denn ich hatte mir bewiesen, dass ich mich selbst steuern konnte. Mein Gefühl hat sogar die Wissenschaft bestätigt. Eine

Studie von Wilhelm Hofmann von der University of Chicago hat 2013 herausgefunden, dass Menschen mit einem hohen Maß an Selbstkontrolle ein glücklicheres Leben führen.[2]

400 Probanden wurden dafür untersucht und es hat sich gezeigt: Der Verzicht auf kurzfristige Belohnungen zugunsten eines langfristigen Ziels macht zufriedener, als jeder Begierde sofort nachzugeben.

Stellen Sie sich folgende Frage: Wie können Sie selbst mehr Disziplin in Ihr Leben bringen? Schreiben Sie sich drei Situationen auf, die Sie sofort unter Ihre Kontrolle bringen möchten!

Die Freiheit der Selbstdisziplin

Der Bestsellerautor Stephen Covey sah die Selbstdisziplin als die einzig wahre Freiheit an. Nur wer selbst der Kapitän seines Lebens ist, kann den Kurs bestimmen. Wer dagegen wie ein Blatt im Wind weht, ist ein Opfer der äußeren Umstände. Das ist bei Weitem keine Freiheit. Wer sich selbst kontrolliert, spürt sofort diese große Kraft. Und Kraft braucht man für Erfolg, denn das Mittelmaß zu überwinden ist anstrengend.

Jürgen Drews ist für mich ein Paradebeispiel für Selbstdisziplin. Ohne Zweifel gehört er zu den bekanntesten Schlagersängern in unseren Breitengraden. Und dies schon seit Jahrzehnten.

Schon mit 15 wurde er als bester Banjo-Spieler Schleswig-Holsteins ausgezeichnet und dadurch in der Musikszene bekannt. Was ihm immer bewusst war: Man muss das eigene Talent einsetzen und dann diszipliniert an der Umsetzung arbeiten. »Du glaubst gar nicht, wie viele unveröffentlichte Songs ich in meinem Keller habe. Die wird niemals jemand zu Ohren bekommen, weil sie kein Hit-Material sind«[3], sagte Jürgen mir bei unserem Gespräch in Bremen. Was Drews damit meint: Es braucht Durchhaltevermögen und Fleiß, bis man den großen Wurf landet.

Wiederholung ist der Schlüssel

Es geht nicht um den einen Song, der es in die Charts schafft. Es geht um die 99, die niemals veröffentlicht werden, denn diese ebnen den Weg zu dem einen Hit. Wer im Leben nicht bereit ist, Schweiß und Tränen zu investieren, wird immer im Mittelmaß schwimmen.

Erfolgsmenschen wie Drews zeichnen sich durch eine hohe Einsatzbereitschaft und eine hohe Frustrationsschwelle aus. Sie werfen nicht nach dem dritten Versuch das Handtuch. Auch nicht nach dem dreißigsten. In der Wissenschaft spricht man vom »empirischen Gesetz der großen Zahl«. Erfolgsmenschen werden so lange bei der Sache bleiben, bis sie ihr Ziel erreicht haben. Dies bedeutet, dass sie von ihrem Vorhaben fast schon besessen sind und alle Hürden auf dem Weg meistern, weil sie wissen, dass es der Aufwand wert ist.

• • • • • • • • • • •

Fragen Sie sich selbst: Wie kann ich meine Ziele sexy gestalten?

• • • • • • • • • • • • • • •

Ihre positiven oder negativen Emotionen müssen Sie antreiben, sonst wird das nichts mit der Selbstdisziplin. Sie funktionieren wie Rückenwind, wenn Sie eine große Kluft überspringen müssen. Je häufiger wir etwas wiederholen, desto wahrscheinlicher ist es, dass wir zwischendurch Erfolg haben. Verkäufer kennen diese Erfahrung besonders gut. Nur wer zehn potenzielle Kunden anspricht, wird zumindest einen Verkauf tätigen. Wer hingegen darauf wartet, angesprochen zu werden, wird nicht lange Verkäufer bleiben. Damit wird auch deutlich, dass Erfolg nur dann entstehen kann, wenn zwischendurch Misserfolge passieren. Die Wahrscheinlichkeit, dass ein Mensch ausschließlich Erfolge hat, liegt bei null.

Nachdem wir Misserfolgen nicht ausweichen können, macht es Sinn, gleich aus ihnen zu lernen, auch wenn dies leichter gesagt als getan ist. Denken Sie an die vielen unveröffentlichten Songs, die Drews auf dem Weg zum Chart-Hit erstellen musste: »[...] die meisten Sachen, die ich mir im Studio erarbeite, werden nichts oder ich veröffentliche sie gar nicht. Nein, ich habe eigentlich keine Blockade. Ich mache immer irgendetwas.«[4]

Oder denken Sie an Edisons Glühbirne: Er probierte über 6000 verschiedene Materialien, ehe das richtige dabei war. In seiner Schaffenszeit meldete er über 1000 Patente an. Sie können sich sicher vorstellen, wie viel Arbeit hinter jedem einzelnen steckte.

• • • • • • • • • • •

Stellen Sie sich folgende Fragen: Aus welchen Misserfolgen habe ich den größten Nutzen für mich gezogen? Welche Niederlagen haben mich weitergebracht?

• • • • • • • • • • • • • • • • •

Frustration

Der Weg zum Erfolg ist oft frustrierend. Dinge, die uns nicht gelingen, demotivieren uns. Doch statt an der Methode zu zweifeln, sollten wir beginnen, unsere Ziele zu hinterfragen. Denn diese könnten sich geändert haben und nicht mehr für uns passen.

Wenn wir uns Ziele aus den falschen Motiven heraus gesetzt haben, werden wir sie selten erreichen, einfach weil uns der Rückenwind fehlt. Wichtig ist, dass Ihre Ziele immer Ihrer Leidenschaft und Ihren Werten entsprechen.

Jeder Erfolgreiche musste das Gefühl der Frustration kennenlernen. Sie sind also keineswegs allein, sondern in sehr elitärer Gesellschaft. Die Besten der Besten verstehen, dass es Disziplin benötigt, um etwas Außergewöhnliches zu erreichen. Ihnen wird da draußen nichts geschenkt, Sie müssen sich reinknien und durchhalten. Jürgen Drews meint sogar, dass dies der Hauptfaktor ist, weshalb Menschen scheitern: »Häufig liegt es daran, dass viele Leute einfach nicht konstant weiterarbeiten.«[5]

Jeder musste diesen steinigen Weg gehen, warum sollten Sie eine Ausnahme sein? Sie müssen den Preis bezahlen wie jeder andere auch, der etwas Besonderes erreicht hat. Und dieser Preis ist im Voraus fällig. Will heißen: Die Rückschläge, Misserfolge und mittelmäßigen Ergebnisse auf dem Weg zum Erfolg müssen Sie hinter sich lassen und mit Disziplin an der Erreichung Ihres eigentlichen Zieles weiterarbeiten.

In Vorleistung gehen

Wenn Sie Kinder haben, können Sie die folgenden Aussagen vielleicht bestätigen. In Kinder muss man ebenfalls viel Zeit, Geduld und Energie hineinstecken, damit sich die Kinder vernünftig entwickeln. Wahrscheinlich muss man in den ersten Jahren nachts des Öfteren aufstehen und die Lebensqualität nimmt in dieser Zeit auch ab. Doch all das ist vergessen, wenn die Kinder stolz in den Kindergarten gehen oder später das Abitur in Händen halten.

Genau das Gleiche gilt für den Sport. Wenn Sie einen Marathon laufen möchten, müssen Sie Zeit und Energie in die Vorbereitung stecken. Je nachdem, wie fit Sie bereits sind – mit anderen Worten, wie viel Energie Sie schon dafür aufgewendet haben, sich auf dieses Fitness-Niveau zu hieven –, müssen Sie entweder mehr oder weniger investieren. All die Strapazen sind jedoch vergessen, wenn Sie die Zielmarke überqueren. An diesem Punkt merken Sie, dass sich der Aufwand mehr als gelohnt hat.

Sie werden dieses sture Weitermachen brauchen, um ganz nach oben zu kommen. Niemand freut sich über Misserfolge, aber Sie werden ein unbändiges Glücksgefühl spüren, wenn Sie sich dabei beobachten, trotzdem diszipliniert an etwas zu arbeiten. Sie werden stolz auf sich sein, dass Sie einer der wenigen auf der Welt sind, die die Extrameile gehen.

Fragen Sie sich selbst, wie viele Menschen da draußen Großes erreichen. Es ist nicht die Masse, es ist eine Minderheit. Als ein Mensch mit Disziplin und Selbstbeherrschung gehören Sie zu einer kleinen Elite – zu einer glücklichen Elite, wohlgemerkt.

Schmerz

Der größte Feind der Disziplin ist die »Komfortzone«. Viele bezeichnen dieses Phänomen auch als »inneren Schweinehund«. Eine unsichtbare Kraft, die uns davon abhalten will, Dinge zu tun, die anstrengend sind oder uns keinen Spaß machen.

Genau diese Kraft wird Ihnen auf dem Weg zum Erfolg oft begegnen. Sie werden Dinge tun oder aushalten müssen, die Ihnen keine Freude bereiten. Jene sind allerdings unerlässliche Bausteine für Ihren Erfolg. Denn der kann nur außerhalb Ihrer Komfortzone entstehen, da Sie sich innerhalb dieser Komfortzone nicht mehr als nötig bewegen – und das genügt gerade einmal zum Überleben.

Wenn es Ihnen nur darum geht, zurechtzukommen, hören Sie auf, dieses Buch zu lesen, denn unter diesen Voraussetzungen wird es Ihnen keine Freude bereiten.

Für wahren und nachhaltigen Erfolg müssen Sie sich anstrengen, ja sogar verausgaben. Was auch immer Ihnen eingeredet wird: Es gibt keine Abkürzungen in einem Marathon, nur Rückenwind, wie wir wissen. Sie müssen wie ein Marathonläufer all Ihre Kraftreserven mobilisieren, um durch das Ziel zu laufen. Das erfordert Disziplin und produziert Schmerzen.

Schmerz ist übrigens nur eine Reaktion. Chemiker wissen nur allzu gut, dass Reaktionen notwendig sind, um etwas geschehen zu lassen. Vielleicht haben Sie schon einmal Krafttraining gemacht. Um Ihre Muskeln wachsen zu lassen, müssen Sie immer wieder den Schmerz überwinden. Sie müssen ihm sogar dankbar sein, da er Ihnen zeigt, wo Ihre derzeitigen Grenzen liegen, wo Ihre Komfortzone endet.

Der Schmerz ist somit ein immanenter und unausweichlicher Bestandteil Ihres Erfolges. Sie werden daran denken, wenn Sie außerhalb Ihrer Komfortzone für Ihre Ziele kämpfen. Sie werden an all die anonymen Leidensgenossen denken, die zur selben Zeit für ihre eigenen Ziele kämpfen und dieselben Schmerzen erleiden wie Sie. Dann verstehen Sie, warum der Elite so wenige angehören. Es erfordert den hohen Preis der Disziplin.

• • • • • • • • • • • •

Stellen Sie sich folgende Fragen: An welchen Punkten in meinem Leben schmerzt es? Was kann ich tun, um den Schmerz zu besiegen?

• • • • • • • • • • • • • • •

Aufschub

Bereits der berühmte Jean-Jacques Rousseau meinte: »Aller Aufschub ist gefährlich!«[6]

Manchmal müssen Dinge getan werden, wenn sie anstehen. Sie dulden keinen Aufschub. Vielleicht zögern Sie, weil sie indirekt unerfreuliche Konsequenzen haben, die Sie von Ihrem Weg abbringen könnten?

Daher ist es noch wichtiger, die Entscheidung zu treffen, anstehende Dinge sofort zu erledigen. Denken Sie wirklich, es wird später leichter sein? Werden die Umstände später so viel besser sein? Werden Sie später mehr Lust verspüren? Ehrliche Antworten darauf werden Sie wohl ins Handeln bringen. Selten gibt es wirklich gute Gründe, Dinge aufzuschieben.

Keine Macht der Ablenkung

Manchmal jedoch macht es keinen Unterschied, ob Sie eine Sache jetzt oder später erledigen. Ist das der Fall, dann können Sie sie auch gleich tun. Dadurch gewinnen Sie einen weiteren großen Vorteil: Klarheit. Sie haben dann weniger unerledigte Dinge auf Ihrer geistigen Liste und fühlen sich dadurch stärker, entspannter und konzentrierter.

Machen Sie es sich zur Gewohnheit, anstehende Dinge generell gleich zu erledigen. Kaum etwas ist Ihnen auf dem Weg zum Erfolg so dienlich wie Klarheit. Je weniger Ablenkungen und unerledigte Dinge Sie plagen, desto leichter kann Erfolg entstehen. Auch dies muss geübt werden. Wenn Sie die letzten 30 Jahre unangenehme Dinge eher aufgeschoben haben, dann befindet sich das sofortige Erledigen außerhalb Ihrer Bequemlichkeit.

• • • • • • • • • •

Fangen Sie also im Kleinen an und fragen Sie sich: Welche unerledigten Tätigkeiten schiebe ich schon wochenlang vor mir her? Setzen Sie dann sogleich Schritte in Richtung Erledigung um.

• • • • • • • • • • • • • •

Ent-Scheidung

Sich selbst zu disziplinieren, heißt nicht nur, Dinge zu tun, sondern auch, sie nicht zu tun. Es liegt im Bereich der Weisheit zu unterscheiden, was Ihnen auf dem Weg zu Ihren Zielen weiterhilft und was Sie davon abbringt. Das Wörtchen »Nein« wird einer Ihrer neuen Freunde werden, wenn Sie erfolgreich sein wollen. Denn Sie werden die Erfahrung machen, dass bei wichtigen Etappen auch spannende Ablenkungen auf Sie warten.

Die Kunst besteht darin, das Dringende vom Wichtigen zu unterscheiden. Nur weil Ihnen jemand oder etwas das Gefühl gibt, dass es eilt, müssen Sie dem noch lange nicht nachgeben. Nehmen wir an, Sie sind mit dem Auto auf dem Weg zu einem wichtigen Termin. Vielleicht handelt es sich sogar um ein Treffen, das Ihre berufliche Laufbahn für immer verändern könnte. Auf dem Weg dorthin hat Ihr Wagen einen Schaden. Nehmen wir an, die Achse des Autos ist gebrochen. Dringend wäre es jetzt, sich um den Transport zur nächsten Werkstatt zu kümmern und den Wagen reparieren zu lassen. Wichtig wäre es jedoch, den Termin wahrzunehmen. Sie müssen die möglichen Konsequenzen abschätzen und sich dann dafür entscheiden, das Auto erst einmal sich selbst zu überlassen und sich ein Taxi zu rufen. Nachdem Sie Ihren wichtigen Termin absolviert haben, können Sie sich immer noch um Ihr Auto kümmern. Im schlimmsten Fall hat es die Polizei abschleppen lassen. Es erwartet Sie dann ein Strafzettel wegen Falschparkens und die Gebühren für das Abschleppen. Im Regelfall allerdings wird Ihr Auto noch genau dort stehen, wo Sie es zurückgelassen haben. Sie rufen also den Pannendienst und lassen es zu Ihrer Werkstatt schleppen. Das hätten Sie sowieso getan. Sie haben in diesem Fall nur Ihre Prioritäten geordnet und sich zuerst für das Wichtige und erst dann für das Dringende entschieden.

Die Herausforderung im Alltag besteht nur darin, dass Sie solche Entscheidungen täglich viele Male treffen müssen. Riskieren Sie dabei lieber kurzfristigen Schmerz als langfristigen Schaden.

Coaching: Neue Gewohnheiten etablieren

Neue Gewohnheiten zu etablieren, geht prinzipiell über zwei Wege:

1. Ein Trauma, welches Sie förmlich dazu zwingt, neue Verhaltensweisen zu etablieren. Nahtod-Erfahrungen können dazu führen, das eigene Leben bewusster wahrzunehmen und selbstschädigendes Verhalten abzulegen.

2. Wenn kein Trauma vorliegt, setzt die Motivation, ein Ziel zu erreichen, Disziplin voraus. Je größer Ihr Wunsch, ein bestimmtes Ergebnis zu erreichen, desto »leichter« wird es Ihnen fallen, dementsprechend disziplinäres Verhalten an den Tag zu legen. Denn eines ist klar: Ohne Disziplin kann es nie zu einer neuen Gewohnheit kommen.

Doch wie lange dauert es eigentlich wirklich, bis ein neues Verhalten etabliert ist und somit das disziplinäre Verhalten Stück für Stück unwichtiger wird?

In seinem Weltbestseller »Psycho-Cybernetics« beschreibt der Chirurg Maxwell Maltz seine Beobachtungen nach Amputationen. Es dauerte bei seinen Patienten etwa 21 Tage, bis sie sich an die neue Situation gewöhnt hatten. Etliche Autoren übernahmen diese Zahl unreflektiert, und deshalb herrscht die Meinung, dass sich neue Gewohnheiten in 21 Tagen etablieren lassen. Verschiedene spätere Untersuchungen zeigen jedoch, dass diese Zahl nicht korrekt ist. Bis Handlungen in Fleisch und Blut übergegangen sind, dauert es

zwischen zwei und drei Monaten. Je nach Kontext und individuellen
Umständen.

Um die Schwelle zu neuen Gegebenheiten auch tatsächlich zu
überschreiten, gibt es eine Reihe von Dingen, die Sie unternehmen
können. Zum Beispiel:

1. Machen Sie sich Ihr Ziel klar. Das Ziel »Erfolgreich-Sein im
   Beruf« ist genauso schwammig wie »Etwas mehr für die eigene
   Fitness tun«. Werden Sie konkret. Eine gute Zielsetzung wäre
   folgende: »Ich möchte zehn Vertragsabschlüsse in der Woche
   bis zum Ende des Jahres erreichen.« Im Kontext Fitness: »Ich
   möchte bis zum Herbst dieses Jahres einen Halbmarathon ab-
   solvieren können.« Daraus leiten sich dann Handlungsempfeh-
   lungen ab. Besser ist es demnach, 100 potenzielle Kunden an-
   zurufen, wenn Sie zu zehn Abschlüssen kommen wollen. Und
   gut wäre es, wenn Sie beginnen, eine Stunde ohne Ruhepause
   zu laufen und auf Ihre Ernährung zu achten. Wichtig ist auch,
   dass die Handlungen zum Ritual werden.

2. Belohnen Sie sich selbst. Sie könnten sich beispielsweise nach
   Erledigung der 100 Kundenanrufe eine Massage gönnen. Das
   Gleiche könnten Sie sich schenken, wenn Sie eine Woche gut
   trainiert haben.

3. Die Belohnungen sollten im Laufe der Zeit immer seltener werden. Wenn Sie sich in den ersten Wochen wöchentlich belohnen, sollte dies im weiteren Verlauf nur mehr einmal im Monat
   stattfinden.

4. Beziehen Sie Ihr Umfeld in Ihre Vorhaben ein. Beispielsweise könnten Sie ein »Kundenkontakt-Turnier« mit Ihren Kollegen veranstalten, wobei der Sieger der Woche ein Essen spendiert bekommt. Wenn Sie joggen wollen, suchen Sie sich Mitstreiter, die ähnliche Ziele wie Sie haben, und verabreden Sie sich zu gemeinsamen Laufeinheiten.

5. Die beste Strategie aber ist, sich gar keine schlechten Gewohnheiten anzugewöhnen. Alte Gewohnheiten lassen sich viel schwieriger wieder verändern als neue etablieren. Essgewohnheiten beispielsweise können Sie nur über einen Zeitraum von etwa drei Jahren nachhaltig verändern. Etwaige Süchte nur über einen Zeitraum von circa fünf Jahren wieder ablegen.[7]

HUMORVOLL UND SYMPATHISCH SEIN

WIE ECKART VON HIRSCHHAUSEN

Schmeicheleinheiten | Humorvolle Medizin | Heilende Clowns | Die Macht des Schweigens | Humor und Sympathie | Humor und Scheitern | Das Schöne am Scheitern

*I*hre Chancen auf Erfolg erhöhen sich um ein Vielfaches, wenn Sie sympathisch und humorvoll sind. Doch was bedeutet das Wort »Sympathie« eigentlich, das so viel Einfluss auf uns und unser Leben hat? Ursprünglich kommt es aus dem Griechischen und bedeutet so viel wie »Mitgefühl«. Nachdem wir dafür jedoch das Wort »Empathie« benutzen, muss etwas anderes gemeint sein. Mit Sympathie bezeichnen wir eine sich spontan ergebende Zuneigung zum Gegenüber. Meyers großes Konversations-Lexikon bezeichnet dieses Phänomen als »das unbestimmte Gefühl der inneren Verwandtschaft«. Der österreichische Schriftsteller Robert Musil geht sogar noch weiter: »Alles, was wir denken, ist entweder Zuneigung oder Abneigung.«[1] Wenn wir Sympathie in dieser Radikalität denken, wäre es sehr gefährlich, diesen Faktor für das eigene Wohl zu vernachlässigen.

Schmeicheleinheiten

Sowohl Humor als auch Sympathie bauen Vertrauen und Zuneigung auf. Menschen sind gerne in der Nähe angenehmer Zeitgenossen. Diese Tatsache erhöht die Wahrscheinlichkeit, dass man sich mit ihnen umgeben will, ihren Ideen lauscht und gemeinsam Projekte in die Wege leitet – wenn man sie als angenehm empfindet.

Ist es ein Muss, sympathisch und humorvoll zu sein, um Erfolg zu erzielen? Bestimmt nicht, doch es hilft maßgeblich dabei, diesen leichter zu erreichen. Schlussendlich sollen Erfolge ja auch Spaß machen. Eine Studie von Chad Higgins und Timothy Judge (University of Washington und University of Florida) weist nach, wie wichtig es ist, als angenehmer Mensch wahrgenommen zu werden. Die beiden Forscher verfolgten die Schicksale von mehr als 100 Studenten, während diese versuchten, nach dem Studium einen Job zu ergattern. Dabei isolierten Higgins und Judge verschiedene Einflussfaktoren wie Qualifikation und Arbeitserfahrung. Die Auswertung ergab, dass weder das eine noch das andere ausschlaggebend für den Erhalt einer Arbeitsstelle war. Das wichtigste Merkmal in Bewerbungsgesprächen war, ob die Bewerber das Gegenüber davon überzeugen konnten, dass sie ein angenehmer Mensch sind. Diejenigen, die sich einschmeichelten, konnten indirekt vermitteln, dass sie große, soziale Fähigkeiten besaßen – und dabei rückten dann andere Faktoren in den Hintergrund.

Was sagt Ihnen das? Nicht der Inhalt von Worten ist dafür verantwortlich, wie etwas wirkt, sondern die Art und Weise, wie etwas dargebracht wird. Marshall McLuhan, ein bekannter Medienphilosoph, hat dies sehr schön mit folgenden Worten zum Ausdruck gebracht: »Das Medium ist die Message!«[2] Wenn Sie beispielsweise Kapital benötigen oder Menschen von einem Projekt überzeugen wollen – soziale Fähigkeiten erleichtern Ihnen vieles. Dies bedeutet nichts anderes, als dass Sie als Person selbst die Botschaft sind und die Art und Weise, wie Sie sich verhalten, wichtig ist. Wenn Sie als angenehmer Mensch wahrgenommen werden, wird die Botschaft eine ganz andere Wirkung haben, als wenn Sie unsympathisch rüberkommen.

Humorvolle Medizin

Dr. Eckart von Hirschhausen hat schon während seines Medizinstudiums – das er mit magna cum laude abschloss – bemerkt, dass die Menschen ihm gerne zuhörten, weil er die fachlichen Inhalte mit Witz und lebendigen Beispielen erklärte. Das brachte ihn schnell auf die Bühnen Deutschlands, denn in dieser Form gab es so jemanden bis dato nicht: einen kompetenten Arzt, der gleichzeitig humorvoll und sympathisch ist. Für seine Erfolge wurde er später unter anderem mit dem Health Media Award, dem Comedy Award und der Goldenen Feder ausgezeichnet. Zudem wurde er zum GQ Mann des Jahres in der Kategorie Literatur gewählt. Nicht schlecht für einen humoristischen Mediziner.

Heilende Clowns

Von Hirschhausen ist Anhänger des US-Arztes Hunter »Patch« Adams, der die positive Wirkung des Lachens erforschte und mithilfe von Clowns landesweit in die Krankenhäuser brachte. Ihn nahm sich von Hirschhausen zum Vorbild und gründete in Deutschland die Initiative der Klinik-Clowns. Aus dieser wurde später die Stiftung »Humor Hilft Heilen«, mit der er versucht, ein großes Ziel zu erreichen: nämlich das gesamte Gesundheitssystem zu reformieren: »Ich bin schon leicht wahnsinnig, das System ändern zu wollen. (...) Den Humor auf Krankenschein möchte ich noch erleben.«[3]

Von Hirschhausen förderte in Deutschland die Methode, Humor als Medizin einzusetzen. Besonders deutlich zeigte sich die Wirkung bei Kindern. Denn tatsächlich wurden verbesserte Heilungserfolge im Zusammenspiel mit Humor festgestellt.

Von Hirschhausen möchte mit Humor möglichst viele kranke Menschen erreichen. Nachdem nachgewiesen ist, wie wichtig diese Form der Behandlung ist, gilt es, weitere Forschungen diesbezüglich durchzuführen, damit emotionale Wärme nachhaltig Einzug ins Gesundheitssystem hält: »[...] wir haben mit einem sehr kleinen Team bereits unglaublich viel in 100 Projekten erreicht und ungefähr eine Million Euro für mehr heilsame Stimmung im Krankenhaus bewegt. Ursprünglich ging es los mit den Clowns auf Kinderstationen. Inzwischen gehen die Clowns auch oft zu alten Menschen, die sich unglaublich über Besuch freuen und gerade durch Musik sehr gut zu erreichen sind. Inzwischen machen wir große Forschungsprojekte, zum Beispiel zu einer Humorintervention nach Schlaganfall bei Erwachsenen, oder zu der Frage, was passiert, wenn Pflegekräfte in Workshops ihren eigenen Humor wieder entdecken und einsetzen. Dazu machen wir gerade Schulungen mit über 2000 Pflegenden und begleiten wissenschaftlich, wie sich dadurch die Stimmung und die Gesundheit verändern. Eine Errungenschaft ist auch die öffentliche Wahrnehmung. Anfangs wurden wir belächelt, jetzt werde ich als Eröffnungsredner für Ärztekongresse gebucht und arbeite mit Ministerien und anderen Stiftungen zusammen.«[4]

Die Macht des Schweigens

Wir gehen sehr oft davon aus, dass wir uns interessant machen müssen, um sympathisch zu wirken, doch da zäumen wir das Pferd von der falschen Seite auf, denn wie Philip Stanhope, der 4. Earl of Chesterfield, bereits im 18. Jahrhundert richtig anmerkte: »Bringe die Menschen dazu, dass sie von sich selbst eine höhere Meinung bekommen, und du schaffst dir bleibende Freunde.«[5] Wie schaffen Sie es also, dass die größte Sympathie zwischen Ihnen und anderen herrscht? Ganz einfach: Interessieren Sie sich für Ihr Gegenüber! Wenn Sie lernen, weniger über sich selbst zu reden und stattdessen Ihren Gesprächspartner zu fragen, was in seinem Leben los ist, und ihn ermuntern, weiterzureden, werden Sie dadurch selbst in einem positiven Licht dastehen. Dies bedeutet, sich selbst zurückzunehmen und eben nicht in den Vordergrund zu spielen. Ihr eigener Redeanteil sollte bei 20 bis 30 Prozent liegen. Wenn Ihnen das gelingt, wird Ihr Gegenüber überall herumerzählen, was für ein sympathischer und angenehmer Mensch Sie sind. Sie erlangen dadurch einen weiteren Vorteil: Sie bekommen Informationen. Sie lernen viel, wenn Sie anderen zuhören und sie ermutigen, mehr zu erzählen. Sie werden nicht nur Dinge über denjenigen lernen, der spricht, sondern auch in Wissensgebiete vorstoßen, die Ihnen möglicherweise gänzlich unbekannt waren. Dadurch wächst Ihr Intellekt und Sie werden zu einem immer kompetenteren Menschen. Natürlich hängt dies auch davon ab, welche Menschen Sie befragen. Halten Sie sich von Nörglern und negativen Menschen fern. Ermutigen Sie diese nicht zu sprechen, sondern suchen Sie bei diesen Menschen das Weite. Ihr Kopf ist ein Tresor – gedacht für wertvolle Dinge –, keine Müllhalde für den geistigen Unrat anderer Leute.

Humor und Sympathie

Humor relativiert vieles, selbst unbequeme Situationen oder Erfahrungen. Denn Humor erzwingt eine gewisse Gelassenheit in Ihnen. Er löst Ihre geistige und körperliche Verkrampfung und gibt Ihnen Energie für neue Anläufe. Humor hilft Ihnen dabei, über den Dingen zu stehen und sich nicht in ihnen zu verlieren. Der englische Dichter Samuel Coleridge drückt es pointierter aus: »Kein Geist ist in Ordnung, dem der Sinn für Humor fehlt.«[6]

Humor erfordert eine gewisse Portion an Kreativität. Nur wer neue Zusammenhänge sehen kann, wo vorher eigentlich gar keine waren, kann auch humorvoll reagieren. Diese Kreativität kann Ihnen dienlich sein beim Lösen von Problemen.

Humor kann auch als Eisbrecher fungieren, der eine eingefahrene Situation völlig auf den Kopf stellt, und zwar in Sekundenschnelle. Beispielsweise kann manchmal die Tendenz einer Diskussion leicht ins Negative oder Verbissene driften. Die Diskussion kann sogar zu einem Streit heranwachsen. Die Beteiligten beziehen Stellung und vergraben sich immer tiefer in ihre eigenen Argumente. Konsens wird so beinahe unmöglich. In solchen Situationen kann eine gehörige Portion Humor der ausschlaggebende Faktor sein, die Wogen zu glätten und wieder zueinander zu finden. Vielleicht bringt jemand ein passendes, lustiges Filmzitat oder erzählt einen Witz, der mit dem Thema verwandt ist. Oder er nimmt sich selbst gehörig auf die Schippe und erzielt damit sogar gleich zwei Effekte: Humor und Sympathie.

Darüber hinaus versetzt man sich mit dem Blick durch die humoristische Brille in eine sehr gute Ausgangsposition. Ein wacher, optimistischer und gesunder Geist trifft einfach andere Formen von Entscheidungen als ein depressiver und unglücklicher Zeitgenosse. Dieser Effekt muss sich nicht kurzfristig zeigen, über einen längeren Zeitraum ist eine Positivspirale jedoch unumgänglich: Denn je besser Sie in der Lage sind, Entscheidungen und Ihre daraus erwachsenden Konsequenzen einzuschätzen, desto bessere Ergebnisse werden Ihnen gelingen. Was glauben Sie? Ist dazu ein gesunder, wacher und glücklicher Geist eher in der Lage oder ein unglücklicher und ungesunder?

Humor und Scheitern

Wieso riskieren manche Menschen etwas und andere nicht? Fehler, Niederlagen, Fehleinschätzungen müssen – nach gesellschaftlicher Konvention – vor allem verschwiegen werden, schließlich gelten sie als Makel. Zumindest gilt dieser Satz, wenn man die eigenen Niederlagen nicht mit Humor nehmen kann. Eckart von Hirschhausen dazu: »Humor ist ja auch die Kunst des Scheiterns! Und gescheitert ist man ja nur dann, wenn man es wenigstens versucht hat. Und gescheiter werden kann man dabei ja auch.«[7]

Misserfolge können sogar noch mehr. Im Idealfall schaffen wir dadurch einen »Anschluss« zum Gegenüber. Stellen Sie sich einfach mal vor, Sie lernen jemanden kennen, und diese Person erzählt ausschließlich von ihren großartigen Erfolgen. Was denken Sie über diese Person? Finden Sie diese Person sympathisch oder trauen Sie ihr nicht über den Weg?

Das Schöne am Scheitern

Wenn Sie ausschließlich von Ihren Erfolgen erzählen, dann schafft das eher Distanz zu Ihrem Gegenüber. Viel spannender und emotional bindender sind Misserfolgsmomente, die Sie mit Ihrem Gesprächspartner teilen. Misserfolgsmomente oder Enttäuschungen kann jeder nachvollziehen, und Ihr Gesprächspartner wird Ihre Ehrlichkeit und Aufrichtigkeit zu schätzen wissen, wenn Sie ihm diese Enttäuschungen anvertrauen.

Das bedeutet jedoch nicht, dass wir unser Gegenüber mit Geschichten vom Scheitern bombardieren müssen. Auch hier ist die Einseitigkeit fehl am Platze. Es geht vor allem um die Mischung in jedem Kommunikationsakt. Nur von den Erfolgen zu erzählen, bringt emotionale Distanz mit sich, und nur von seinen Misserfolgen zu erzählen, ebenso. Machen Sie sich bewusst, was Sie können und was Sie eventuell (noch) nicht können.

Tun wir doch einmal das genaue Gegenteil von dem, was wir gelernt haben. Sprechen wir ganz ungezwungen von unseren Makeln oder Macken. Von falschen Entscheidungen, von Niederlagen in unserem Leben. Innere Verwandtschaft entsteht auch durch Vertrauen. Vertrauen kann man erzeugen, wenn man einen Vertrauensvorschuss leistet. Wenn man von sich aus Schwächen preisgibt, dann ist das der größte Vertrauensvorschuss überhaupt. Vertrauen erwecken wir auf gar keinen Fall, wenn wir nur Positives von uns preisgeben, allerdings auch nicht, wenn wir nur Negatives über uns berichten.

Eine 2008 durchgeführte Studie vom US-Forscher Gil Greengross und seinem Team an der Universität von New Mexico beweist die Effektivität der hier vorgeschlagenen »Strategie«. In der Studie ging es um die sexuelle Anziehungskraft der Männer auf Frauen. Die Forscher fanden heraus, dass Selbstironie der Königsweg ins Herz des Gegenübers ist. Männer, die sich beim Flirten selbst auf die Schippe nehmen, sind für Frauen sehr attraktiv. Humorforscher Greengross hatte bei seiner zweijährigen Untersuchung 64 Studentinnen Audio-Aufnahmen von Männern vorgespielt, die über sich erzählten. Die jungen Frauen mussten danach angeben, wer auf sie den sexuell anziehendsten Eindruck gemacht hatte. Wie sich herausstellte, waren dies vor allem Männer, die nicht prahlten oder Witze auf Kosten anderer rissen, sondern sich eher bescheiden und selbstironisch gaben. Am schlechtesten schnitten Männer ab, die über andere Witze machten. Die künstliche Form der persönlichen Aufwertung durch die aktive Abwertung von anderen wird sehr negativ wahrgenommen.

Einen humoristischen und selbstironischen Blick auf sich selbst zu werfen, kann nicht nur Nähe zum Gegenüber herstellen, sondern Ihrer eigenen Psyche sehr zuträglich sein, wie eine aktuelle Studie aus Granada untermauert. Diese Forschungsstudie wies nach, dass Menschen, die verstärkt über sich selbst lachen, sich psychisch besser fühlen als miesepetrige Zeitgenossen ohne Humor.[8]

Coaching: Sympathie und Humor

Selbstironie im eigenen Leben entdecken

Die Fähigkeit, über sich selbst zu lachen, kann gar nicht hoch genug geschätzt werden. Demzufolge macht es Sinn, wenn Sie sich auf die Suche nach potenziellen Geschichten für Ihre Selbstironie machen. Im Prinzip eignen sich so gut wie alle Ereignisse für selbstironische Betrachtungen. Das ist Fluch und Segen zugleich, weil oft die Struktur fehlt.

Eine Möglichkeit, Struktur hineinzubringen, wäre, wenn Sie sich Ihren eigenen Lebenslauf vor Augen führen. Sehen Sie sich jede Station darauf hin an und versuchen Sie, lustige Anekdoten zu erkunden. Vielleicht fallen Ihnen beim Durchgehen der einzelnen Punkte wieder lustige Geschichten ein, die Sie mit Ihren Kollegen erlebt haben.

- Stellen Sie sich dann folgende Fragen:
  Was ist daran lustig?
  Wie kann ich es lustiger formulieren?
  Was könnten andere Menschen daran lustig finden?

Die eigene Lebenskurve zeichnen

Es empfiehlt sich, weit über den beruflichen Rahmen hinaus zu denken, wenn es um Sympathiegewinnung geht. Dazu könnten Sie

Ihr Leben in Form einer Lebenskurve nachzeichnen. Diese sieht wie eine Aktienkurve aus, stellt jedoch die Hoch- und Tiefpunkte Ihres Lebens dar. Natürlich besteht diese Lebenskurve aus privaten und beruflichen Punkten.

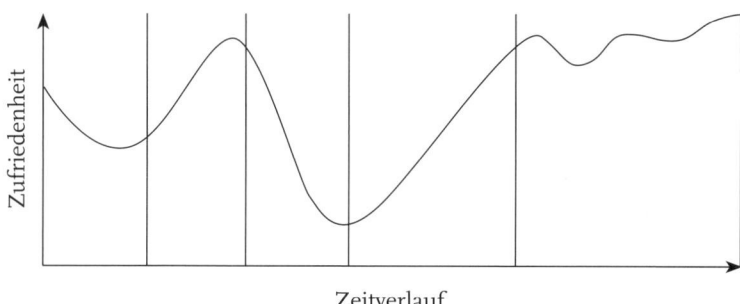

Zeitverlauf

Besonderes Augenmerk sollten Sie nun auf die Phasen Ihres Lebens werfen, in denen es Ihnen alles andere als gut gegangen ist. Das könnte eine Scheidung sein, eine Kündigung oder die Pleite Ihres eigenen Unternehmens. Besonders aus diesen schwierigen Zeiten gilt es, etwas Produktives zu machen.

• • • • • • • • • • •

Stellen Sie sich hier die Fragen:
Wie könnte ich diese Phase humorvoll verpacken?
Was war das Gute am Schlechten?
Wie könnte ich das Problem »vergrößern«?
Wie könnte ich das Problem »verkleinern«?
Wie kann ich die Probleme »in einen anderen Kontext« rücken?

• • • • • • • • • • • • • • • •

Makelmanagement

Die Auseinandersetzung mit der eigenen Sympathie ist immer auch eine mit der eigenen Person. Alles andere wäre aufgesetzt und somit nicht authentisch. Vertrauen schaffen Sie nur, wenn Sie ehrlich mit sich und Ihrem Umfeld umgehen. Jede andere Form der Kommunikation ist von vornherein zum Scheitern verurteilt.

• • • • • • • • • • •

Die wichtigsten Fragen lauten daher:
Wer bin ich?
Was unterscheidet mich von anderen Menschen?

• • • • • • • • • • • • • •

Hierzu zählen nicht nur die großen, sichtbaren Dinge. Oft reichen dabei wirklich Kleinigkeiten. Vielleicht haben Sie einen ungewöhnlichen Namen oder aber einen völlig gewöhnlichen. Über beides kann man Scherze machen. Es ist egal, ob Sie über Ihren Beruf, Ihre familiäre Situation oder über Ihre Hobbys sprechen. Wichtig ist, dass Sie das Gesprächsklima positiv beeinflussen. Am Ende zählt, welche Wirkung Sie hinterlassen haben.

Wenn Sie beispielsweise Lehrer sind – was sagt man diesem Berufsstand nach? Wie können Sie diese Elemente so übertreiben, dass sie lustig sind und Sie in eine sympathische Position bringen?

Das Tolle an dieser Vorgehensweise: Wenn Sie alle »Macken«, »Schwächen«, »Besonderheiten« selbst herausarbeiten und sie als solche anerkennen, werden Sie kommunikativ unangreifbar! Ein toller Nebeneffekt gratis zur Sympathiesteigerung.

Zu guter Letzt: Es ist wichtig, nicht den Clown zu spielen. Ein paar Späße auf eigene Kosten sind in Ordnung. Wenn Sie jedoch übers Ziel hinausschießen, wirkt es krampfhaft oder Sie werden nicht mehr ernst genommen. Kommunikativer Erfolg basiert auf einer ausgewogenen Balance zwischen Humor und Kompetenz.

MIT VERÄNDERUNGEN UMGEHEN

WIE HARALD GLÖÖCKLER

Veränderungsstabilität | Der Veränderungsprofi – Veränderungs-fitness mit Harald Glööckler | Angst | Bringen Sie den Müll raus | Veränderungen als Geschenk | Akzeptanz und Chancendenken | Die Schuld am Scheitern

Bereits der Philosoph Heraklit formulierte im fünften Jahrhundert vor Christus folgenden berühmten Satz: »Alles fließt.« Seine Schriften über die Welt sind, obgleich schon 2500 Jahre alt, aktueller denn je, denn nichts ist so beständig wie die Veränderung.

Veränderungsstabilität

Die Welt funktioniert nur durch Wandel. Was so romantisch klingt, ist im wahren Leben manchmal grausam. Wälder brennen ab, um Platz für Neues zu schaffen. Menschen sterben, Tiere verenden, Kriege brechen aus und ganze Nationen verändern sich. Und wir Menschen sind stets mittendrin. Doch auch in uns selbst gibt es diesen stetigen Wandel. Mit jeder Information, die wir aufnehmen, verändert sich unsere Hirnstruktur. Dies geht so weit, dass wir nach dem Lesen eines Buches nicht mehr dieselbe Person sind wie vorher. Wissenschaftler nennen dieses Phänomen »Neuroplastizität«.[1]

Alles in und um uns herum ist einem steten Wandel unterlegen und wir müssen uns zwingen, bei diesem Wandel mitzuspielen. Tun wir es nicht, bleiben wir auf der Strecke. Ob wir das gut finden, spielt dabei keine Rolle. Gemäß einem Sprichwort ist es dem Regen egal, ob wir ihn gut finden oder nicht, es regnet dennoch. Ebenso ist es mit dem Wandel in und um uns herum, er geschieht mit oder ohne unserem Wohlwollen.

Darwins »Survival of the fittest« wird heute auf zwei unterschiedliche Arten interpretiert. Lange galt es als das »Überleben des Stärkeren«. Heute wird es immer häufiger mit »Überleben des Anpassungsfähigeren« übersetzt. Das Beste, was Sie machen können, ist daher, an der Stärke Ihrer Anpassungsfähigkeit zu arbeiten. Damit ist keinesfalls gemeint, dass Sie sich wie ein Fähnchen im Winde des Wandels drehen sollen, sondern dass Sie aus jeder Veränderung das Beste für sich machen. Dies hilft dabei, sich mit neuen Situationen leichter anzufreunden. Mit der Zeit zu gehen, bedeutet schlussendlich auch, auf äußere

Umstände zu reagieren. Was gestern noch nicht nötig war, kann heute enorm wichtig sein auf dem Weg zum eigenen Erfolg.

Der Veränderungsprofi –
Veränderungsfitness mit Harald Glööckler

Jemand, der seine eigene Leidenschaft und sein Talent früh erkannt und genutzt hat, ist Harald Glööckler. Auch wenn er öffentlich als »Modeschöpfer« betitelt wird, ist er weitaus mehr. »Künstler« würde es viel besser treffen, denn Glööckler malt Bilder, gestaltet Kunstwerke – die für bis zu 50.000 Euro angeboten werden –, hält Vorträge, ist Fernsehstar und Sänger, entwirft Möbel- und Einrichtungsgegenstände, Schmuck, Getränke und wurde sogar einmal für die Innenausstattung eines Privatjets angefragt. Und nicht zuletzt hat er aus sich selbst ein Kunstwerk gemacht.

Doch das Wichtigste ist, dass er sich in seinem Leben auf Veränderungen aller Art eingelassen hat. Ja, sogar mehr. Er wurde zum Meister der Gestaltung und Initiierung von Veränderungsprozessen.

Einen wesentlichen Hinderungsgrund für Veränderungsgestaltung sieht er in der Angewohnheit, sich über Umstände zu beschweren: »Offensichtlich haben manche sich zum Ziel gesetzt, ein dumpfes Leben zu führen und bekloppt durch die Welt zu rennen. Dann darf man sich aber nicht beschweren, sondern muss sagen: ›Ich möchte eben bekloppt und dumpf sein.‹«[2]

Veränderung sollten Sie nicht als etwas ansehen, was Ihnen passiert, und sich als Opfer der Umstände fühlen. Wenn

Sie sich ständig über die Umstände beschweren, dann geben Sie das Heft vollkommen aus der Hand. Wenn Sie als Trainer einer Fußballmannschaft nach einer Niederlage nur über den Schiedsrichter herziehen, geben Sie Ihre Gestaltungsmacht in diesem Moment ab. Wie sollen Sie sich dadurch verbessern? Wenn Sie sich aufgrund von Geldmangel über die Banken und die Wirtschaft im Allgemeinen beschweren, wie soll Ihnen das helfen, ein Vermögen aufzubauen und kluge Investitionsentscheidungen zu treffen? Viel klüger wäre es, sich die Frage zu stellen: Wie schaffe ich es, in eine Position zu kommen, die mir bessere Investitionsentscheidungen oder ein höheres Einkommen ermöglicht?

Angst

Wir sollten Veränderung auch aktiv angehen und mitgestalten. Dass wir Angst oder Vorbehalte gegenüber Veränderungen haben, hat Gründe. Wir sind durch unsere inneren Glaubenssätze geprägt, die wie ein Tonband in unserem Unterbewusstsein ununterbrochen abgespielt werden. Bespielt wurde dieses Tonband mit Sätzen aus unserer Umwelt, besonders mit jenen, die wir in unseren jungen Jahren gehört haben. Denn da sucht der Geist des neuen Lebens nach Antworten auf Fragen, wie die Welt und das Leben funktionieren. Und in dieser Zeit nehmen wir ungefiltert Informationen auf – oft mit katastrophalen Folgen: »Das kannst du nicht, das darf man nicht, das sagt man nicht, der ist doof, der ist gut, Männer sind Schweine, Frauen kriegen nie genug, Geld ist schmutzig, das sind Hirngespinste, Schuster bleib bei deinem Leisten, Reiche haben keine Moral, die Welt ist ungerecht«, und so weiter und so fort.

Hirnforscher haben festgestellt, dass besonders ängstliche Kinder eine signifikante Vergrößerung der Amygdala haben, jener Hirnregion, die für unsere Gefühle zuständig ist. Erziehung beeinflusst also strukturell unser Hirn. Je mehr Angst diesen Kindern gemacht wurde, desto größer ist die Chance, dass diese auch in Zukunft verstärkt mit Angstzuständen zu tun haben werden.[3]

Doch die Angst vorm Scheitern treibt uns auch an. Gemäß Harald Glööckler: »Meistens entschuldigt man seine Unzulänglichkeiten. Dabei waren es im Leben im Grunde genommen ja gerade die Situationen und Herausforderungen, die man als ganz schrecklich empfand, die einen weitergebracht haben.«[4]

Bringen Sie den Müll raus

Es wird zwar die schwierigste Aufgabe überhaupt sein, diesen oben erwähnten Tonbandmüll wieder aus Ihrem Kopf zu entfernen und mit neuem, positivem Input zu überschreiben. Doch das Ergebnis wird Sie in Erstaunen versetzen.

Stellen Sie sich vor, Sie würden von keinem limitierenden Glaubenssatz mehr in Ihrem Denken gehindert. Welche wunderbare Welt voller Möglichkeiten würde sich Ihnen eröffnen!

In seinem sehr beachtlichen Buch *Fuck you, Brain* bringt Glööckler diesen Aspekt auf den Punkt: »Sie sollten damit aufhören, andere oder irgendwelche Umstände für Ihr Leben, Ihre Probleme und Tragödien verantwortlich zu machen. Seien Sie

krea(k)tiv, also aktiv-kreativ, und springen Sie aus der destrukti-
ven Opferrolle in die konstruktive Schöpferrolle.«[5]

Sie können selbst ein Teil der Veränderung sein und aktiv
die Welt gestalten. Wer behauptet, ein Mensch allein könne
nichts ausrichten auf der Welt, irrt gewaltig, schlussendlich ist
dies ja nur ein weiterer limitierender Glaubenssatz. Glööckler
dazu: »Ich hatte schon mit sechs Jahren diese Mission, diesen
Drang und Wunsch, die Welt schöner zu machen.«[6] In seinem
Rahmen hat er dies auch gemacht. Ständig arbeitet er daran,
diesen Rahmen zu vergrößern. Wie ein Stein, der ins Wasser
geworfen wird. Zuerst zieht er kleine Kreise, die mit Fortdauer
immer größer werden.

Denken Sie daran: Wenn Sie genug Steine werfen, werden
auch mehr Kreise sichtbar!

Veränderungen als Geschenk

Veränderungen bringen Instabilität. Sie fordern uns heraus.
Dies ist alles andere als bequem und kann mit Schmerzen ver-
bunden sein. Selten gestehen wir uns ein, dass uns die Komfortzone, der Weg des geringsten Widerstandes, eigentlich gefällt.
Wir brauchen dort wenig Energie, alles ist vorhersagbar. Das Annehmen der eigenen Angst oder Faulheit wäre der erste Schritt
aus dieser liebgewonnenen Zone heraus.

Um diesen Austritt aus der Zone zu verteidigen, werden wir
kreativ. Glööckler dazu: »Ich akzeptiere keine Aussagen wie ›Ich
habe halt nicht die Möglichkeiten‹. Wir haben alle die Möglichkeiten, jeden Tag. Es kann wirklich jeder schaffen und da gibt es

viele Beispiele in der Geschichte von Menschen, die irgendwann das Ruder rumgerissen haben und ihr Leben in die Hand genommen haben.«[7]

Ausreden bringen lediglich kurzfristige, emotionale Beruhigung. Nur, weil wir Veränderungen um uns ignorieren, heißt das nicht, dass sie deshalb nicht geschehen. Im Gegenteil!

Produktiver wäre es, die Dynamik in und um uns zu akzeptieren und Herausforderungen anzunehmen. Harald Glööckler dazu in seinem Buch: »Gerade wenn wir vor neue, scheinbar schwer überwindbare Hürden gestellt werden, haben wir die größten Chancen auf Wachstum. Wir sind gezwungen, etwas zu unternehmen und uns etwas einfallen zu lassen. Dabei wachsen wir oft im wahrsten Sinne über uns hinaus oder machen einen großen Schritt nach vorn. Anstatt zu jammern und zu klagen, wenn wir vor solche Aufgaben gestellt werden, sollten wir sie also als Geschenk betrachten und mutig angehen.«[8]

Es gibt keine Stabilität mehr, nur noch Wachstum. Alles um Sie herum wächst – das ist in der Natur so, auch Sie können daher nicht gleich bleiben. Stabilität ist ein Irrglaube. Sie müssen permanent wachsen, um in der Welt bestehen zu können. Sie müssen Ihre Persönlichkeit entwickeln, müssen Ihre Talente ausbauen, müssen beruflich und finanziell wachsen.

Es sollte eine Verpflichtung uns selbst, aber auch der Gesellschaft gegenüber sein, die beste Version aus uns selbst zu machen. Dies hat nichts mit Selbstoptimierung zu tun, sondern lediglich mit dem Ausbau der eigenen Handlungsmöglichkeiten. Je eher wir uns den Herausforderungen in unserem Leben stellen, desto schneller werden wir lernen, mit ihnen umzugehen. Ignoranz wirft uns um Lichtjahre zurück. Benehmen Sie sich nicht wie ein Kind, das die Hände vor die Augen hält!

Akzeptanz und Chancendenken

Sie müssen lernen, Dinge zu akzeptieren, auch wenn sie Ihnen nicht passen. Wenn bei der letzten Wahl nicht Ihr Favorit an die Macht gekommen ist, sondern eine andere Partei, dann hat das Volk gesprochen. Sie können es so schnell nicht ändern. Also bleibt Ihnen nur eines übrig: Akzeptieren Sie es und machen Sie weiter.

Sie müssen es nicht mögen, aber Sie müssen es vom Tisch wischen. Es lenkt Sie unnötig ab, sich darüber Gedanken zu machen und zu schimpfen. Die Welt wurde nicht von Zögerern und Zauderern verbessert, so hart das klingen mag. Weder ändert sich die Situation dadurch, noch wird Ihre Laune besser. Wenn Sie Erfolg im Leben haben wollen, müssen Sie Ihren Fokus auf das legen, was Sie wollen, nicht auf das, was Sie nicht wollen.

Veränderungen werden im Leben ständig, vielleicht sogar täglich, auf Sie warten. Je schneller Sie diese erkennen, desto eher können Sie mit ihnen arbeiten, um Ihre Ziele zu erreichen. Von großer Bedeutung ist, dass Sie nicht aus den Augen verlieren, wo Sie eigentlich hinmöchten. Sie müssen, wenn Ihre Ziele Ihnen wichtig sind, um jeden Preis daran festhalten. Sonst begehen Sie einen unverzeihlichen Selbstbetrug. Niemand will auf dem Sterbebett mit Reue einschlafen und verpassten Chancen nachweinen!

Sie sollten Veränderungen und Herausforderungen als etwas Natürliches betrachten. Stellen Sie sich vor, Sie haben das Ziel, an einen bestimmten Ort zu gelangen. Es ist für Sie von äußerster Wichtigkeit, dort anzukommen. Auf dem Weg zu Ihrem Ziel stellen Sie fest, dass die Brücke über den Fluss vor Ihnen eingestürzt ist. Nun trennt Sie der große Fluss von Ihrem Ziel. Aufgeben wäre für einen Erfolgsmenschen keine Option. Darum müssen Sie von der einen auf die nächste Sekunde in den Lösungsmodus umschalten. Sie akzeptieren das Problem unverzüglich und bedauern nicht länger Ihre Situation. Denn das hilft Ihnen nicht, es verschwendet höchstens Ihre wertvolle Zeit und schadet Ihrem positiven Gemütszustand. Sie überlegen ab sofort, ob es eine andere Brücke gibt, ob die Strömung ein Überqueren mit einem Boot erlauben würde oder ob es in der Nähe einen Flugdienst gibt, der Sie an Ihr Ziel befördern könnte. – Es gibt so viele Möglichkeiten, über den Fluss zu kommen.

Je öfter Sie sich im »Chancenmodus« befinden, desto kreativer werden Sie im Finden von Lösungen werden. Sie müssen es sich nur zutrauen, eine Lösung zu entdecken. Und wenn Sie nicht selbst eine Lösung finden können, dann fragen Sie sich, wer Sie dabei unterstützen kann. Sie müssen kein Einzelkämpfer sein.

Die Schuld am Scheitern

Zu scheitern ist in Ordnung. Es gehört einfach auf dem Weg zum Erfolg dazu. Es ist ein Baustein, denn wir lernen etwas daraus und vielleicht gewinnen wir dadurch sogar etwas. Einen

Kontakt zu einem großartigen Anwalt, den wir sonst vielleicht nicht gehabt hätten. Eine Erkenntnis für spätere Herausforderungen. Eine Lebensweisheit, die uns fortan unterstützt in allen Lebenslagen.

Dennoch dürfen wir nicht fahrlässig mit dem Scheitern umgehen. Scheitern ist auch keine schöne oder angenehme Sache. So ehrlich muss man sein. Denn es kann leicht den Fokus verschieben von »Sieg« auf »Versuch«. Doch wir wollen am Ende des Tages siegreich aus unseren Unternehmungen hervorgehen!

Stellen Sie sich einen Chirurgen oder Piloten vor, der mit dieser Einstellung sein Tagwerk beginnt: »Mal schauen, was heute so schiefgeht, ich werde bestimmt was lernen.« Es ist ein Unterschied, ob Sie mit der Erwartung losfliegen, sicher anzukommen, oder ob Sie nur hoffen, nicht abzustürzen. Viele Menschen machen sich mit der falschen Erwartungshaltung an die Arbeit und betrachten nicht das ganze Bild. Konzentrieren Sie sich stets auf das positive Ergebnis und nicht auf die düstere Seite des Scheiterns.

Übernehmen Sie die Verantwortung. Es ist alles Ihre Schuld. Das klingt unangenehm, trotzdem sollten Sie den vorherigen Satz nochmals lesen. Denn dieser Satz gibt Ihnen auch die Kontrolle über Ihr Leben zurück.

Die unbequeme Wahrheit ist, dass Sie die Ohnmacht in Bezug auf Veränderungen nur dann besiegen können, wenn Sie die Verantwortung für die Situation übernehmen und auf sich nehmen. Sie müssen dafür sorgen, dass Sie immer eine Wahl haben.

Ihnen gefällt Ihr Job nicht? Keiner zwingt Sie, dort zu arbeiten. Sie sind unglücklich in Ihrer Beziehung? Keiner zwingt Sie, an ihr festzuhalten. Sie glauben, der Staat behandle Sie ungerecht? Ziehen Sie in einen anderen um. Sie haben die Wahl. Die Konsequenzen sind zwar stets unangenehm, doch die Frage ist: Wollen Sie sich mit der gegenwärtigen, unbefriedigenden Situation arrangieren oder das Beste aus Ihrem Leben machen?

Wer sagt eigentlich, dass der nächste Job nicht viel angenehmer ist? Wer sagt Ihnen, dass die nächste Beziehung nicht viel erfüllender als die derzeitige ist? Wer sagt, dass das Leben in einem anderen Land nicht besser ist?

Es wäre wahrscheinlich hart, Ihren Partner und die Kinder zu verlassen – aber es ist nicht unmöglich. Sie haben die Wahl. Allein das Gefühl, dass Sie die Macht haben, alles zu verändern bzw. auf Veränderungen zu reagieren, gibt Ihnen bereits ein gutes Gefühl. Manchmal reicht schon dieses Gefühl, um Ihnen wieder mehr Zuversicht zu geben und damit Sie sich stärker fühlen. Wenn die Zuversicht die Oberhand gewinnt, stehen Ihnen alle Türen offen.

Coaching: Schuld anerkennen und Selbstvertrauen aufbauen

Die Schuldfrage

Der wichtigste Satz in diesem Kapitel ist zweifelsohne dieser: »Sie haben die Schuld!« Es sind Ihre Entscheidungen und auch »Nicht-Entscheidungen«, die Sie zu diesem Punkt in Ihrem Leben geführt haben. Wenn Sie ehrlich glücklich damit sind, gratuliere ich Ihnen recht herzlich. Wenn Sie jedoch das Gefühl beschleicht, dass dem nicht so ist, müssen Sie daran arbeiten, wieder Macht über Ihr Leben zu gewinnen.

Sehen Sie sich folgende Teilbereiche in Ihrem Leben an:

- Familie
- Beziehung
- Freundeskreis
- Beruf
- Finanzen

Benoten Sie die einzelnen Teilbereiche mit 1 – 10, wobei die 1 für Unzufriedenheit steht und die 10 für Zufriedenheit. Nehmen wir an, Sie sind nicht glücklich in Ihrer Beziehung und Sie haben diesem Teilbereich eine 3 von 10 zugewiesen. Was würden Sie sagen, weshalb Sie unzufrieden sind? Versuchen Sie nun alle Sätze, die jetzt aus Ihnen heraussprudeln, in der Ich-Form zu formulieren. Zum Beispiel:

- Ich habe es verlernt, für romantische Momente zu sorgen.
- Ich habe nicht dafür gesorgt, dass wir genügend Zeit miteinander verbringen.
- Ich habe mich zu wenig für die Interessen meiner Partnerin interessiert.
- Usw.

Mit dem Benutzen dieser Ich-Form holen Sie sich die Macht über die Umstände zurück. Sie können agieren und sind von keiner Person oder Situation abhängig. Sie tragen die Schuld an dem derzeitigen Zustand, also sind Sie auch die Person, die Veränderungen in Gang setzen kann.

- Fragen Sie sich jetzt, wie Sie vermehrt für romantische Momente sorgen können.
- Fragen Sie sich, wie Sie für mehr gemeinsame Zeit sorgen können.
- Fragen Sie sich, welches die Interessen Ihrer Partnerin sind und wie Sie selbst dafür Interesse aufbauen können.

Dieses Prozedere können Sie für jeden Teilbereich Ihres Lebens ausführen. Sie können diese Teilbereiche natürlich mit Subkategorien anreichern. Wenn Sie beispielsweise Kinder haben, dann ist die Beziehung zu diesen eine Subkategorie des Familienbereichs.

Selbstvertrauen tanken: Die 1 – 3 – 7-Methode

Um Veränderungen zu gestalten, ist es unumgänglich, ein gewisses Maß an Selbstvertrauen aufzubauen. Dieses hilft dabei, auf dem

Weg zu bleiben und weder dem inneren noch dem äußeren Kritiker die Zügel in die Hände zu legen. Es hilft ebenfalls dabei, Chancendenken zu etablieren und mit Rückschlägen produktiv umzugehen.

Bitte nehmen Sie nun ein Blatt Papier zur Hand und schreiben Sie eine Fähigkeit bzw. einen Charakterzug auf, für den Sie sich selbst schätzen! Wenn Sie beispielsweise glauben, dass Sie besonders loyal sind, dann schreiben Sie diese Fähigkeit auf. Danach denken Sie an drei Situationen, in denen Sie sich besonders loyal verhalten haben.

Am nächsten Tag schreiben Sie zwei Elemente auf, die Sie besonders an sich schätzen. Zu diesen Punkten fügen Sie je drei Situationen hinzu, in denen Sie diese Elemente unter Beweis gestellt haben.

Am dritten Tag machen Sie dies mit drei Elementen und so weiter, bis Sie am siebten Tag sieben Dinge aufschreiben, die Sie an sich schätzen. Denken Sie immer daran, dass Sie jeweils drei Situationen finden, an denen Sie diese Fähigkeiten nachweisen können.

Am Ende der Woche sollten Sie 28 Fähigkeiten oder Charakterzüge mit 84 verknüpften Situationen vor sich haben. Nun haben Sie schwarz auf weiß, was Sie ausmacht. Darauf können Sie doch stolz sein!

Wichtig ist auch, dass Sie sich diese Liste regelmäßig vor Augen führen und ergänzen.

SCHLUSSWORT

Jeden Tag bin ich aufs Neue dankbar für die Möglichkeit, mit den erfolgreichsten Menschen unserer Zeit sprechen zu können. Es hat mich in den letzten Jahren so sehr bereichert und ich freue mich umso mehr, dass ich durch dieses Buch die Gelegenheit habe, Sie an diesem Schatz teilhaben zu lassen.

Sie haben gesehen, dass Erfolg für jeden planbar und machbar ist. Erfolg hat weniger mit Glück als vielmehr mit Einstellung und Handlungsstärke zu tun. Sie haben gesehen, dass Menschen auch widrigste Umstände überwinden konnten und dadurch zu Super-Erfolgreichen aufgestiegen sind. Möglich wurde das, weil sie den Mut aufbrachten, eine unumstößliche Entscheidung für Erfolg zu treffen. Diese Entscheidung müssen Sie nun auch treffen. Lassen Sie sich nicht von inneren oder äußeren Umständen beeindrucken. Sie werden sie überwinden, wie es auch schon die Super-Erfolgreichen vor Ihnen geschafft haben. Vielleicht kennen Sie den Spruch: »Irgendwas ist ja immer!« Er drückt für mich nichts anders aus, als dass wir für unser Scheitern immer eine passende Ausrede parat haben. Er drückt aber gleichzeitig unsere Haltung zu uns selbst aus. Mangelnde Selbstwertschätzung ist ein weit verbreitetes Phänomen.

Seien Sie es sich wert, ein Leben ganz oben zu leben. Ich wünsche Ihnen diesen Mut zur Entscheidung. Sie werden überrascht sein, wie sich die Dinge plötzlich fügen werden, wenn Sie erst einmal entschieden haben, den Gipfel zu erklimmen. Viel Erfolg.

Wie schon erwähnt, haben wir noch viele weitere Persönlichkeiten und Erfolgsimpulse für Sie. Sie finden sie kostenfrei auf der zum Buch gehörigen Website www.erfolgbuch.de.

Ihr Julien Backhaus

ABSCHLUSS-COACHING

Als Julien Backhaus mich auf ein gemeinsames Buchprojekt angesprochen hat, fühlte ich mich nicht nur geehrt, sondern war sofort Feuer und Flamme.

Wir Menschen, mich eingeschlossen, beschäftigen uns tagtäglich mit dem Thema Erfolg aus den unterschiedlichsten Perspektiven. Besonders spannend ist dieser Themenbereich, weil es so unendlich viele Interpretationsmöglichkeiten gibt: Für die einen bedeutet persönlicher Erfolg vielleicht, eine glückliche Zeit mit der eigenen Familie zu verbringen, für andere wiederum, möglichst viel Geld zu verdienen. Auch die unendlich vielen Abstufungen dazwischen und darüber hinaus sind allesamt legitim.

Der mit Abstand wichtigste Punkt jedoch ist, dass Sie für sich erkennen, was Erfolg bedeutet. Nicht, was Ihnen eingeredet wird, sondern wie Sie die Sache sehen. Allein deshalb lohnt es sich, einmal innezuhalten und zu prüfen, ob Sie Ihr derzeit eingeschlagener Weg wirklich glücklich macht. Wenn Sie die Richtung kennen, können Sie Ihre gesamte Energie darauf ausrichten, Ihre Ziele zu erreichen.

Besonders herausfordernd empfand ich es, meine langjährige Coachingerfahrung mit den Erfolgsrezepten der Super-Erfolgreichen im vorliegenden Buch abzugleichen und weiter zu entwickeln. Ich freue mich, wenn ich Ihnen bei Ihren individuellen Schritten kleine Hilfestellungen geben konnte.

Wenn Sie weiteres Wissen oder Hilfe bei Ihrer Orientierung benötigen, kontaktieren Sie uns gern. Ich wünsche Ihnen in jedem Fall viel Freude auf Ihrem Weg zum individuellen Erfolg und eine erkenntnisreiche Reise.

Ihr Michael Jagersbacher

ANMERKUNGEN

Leidenschaft: Bill und Tom Kaulitz von Tokio Hotel

1 Erfolg Magazin, 4-2017, Seiten 42ff.

2 Ebda.

Entscheidung: Oliver Kahn

1 Sachwert Magazin, 2-2012, Seite 31 & 1-2015, Seite 38

2 www.entrepreneur.com/article/289757

3 Sachwert Magazin, 2-2012, Seite 31 & 1-2015, Seite 38

4 https://www.zeit.de/zeit-wissen/2010/06/Optimismus-Positives-
Denken/seite-2

Mut: Reinhold Messner

1 https://natune.net/zitate/zitat/4280

2 Erfolg Magazin, 1-2018, Seiten 10ff.

3 http://www.diw.de/documents/publikationen/73/diw_01.c.411490.de/
diw_sp0502.pdf

4 Erfolg Magazin, 1-2018, Seiten 10ff.

5 Ebda.

Herausforderungen: Wladimir Klitschko

1   Erfolg Magazin, 1-2018, Seiten 14ff.

2   http://muster.daszitat.de/?id=277

Authentizität: Bushido

1   Erfolg Magazin, 3-2017, Seiten 52ff.

2   Ebda.

3   Ebda.

4   Ebda.

5   Ebda.

Geld: Carsten Maschmeyer

1   Sachwert Magazin ePaper Nr. 5, Mai 2012, Wirtschaft TV, 10.05.2016

2   https://www.welt.de/wirtschaft/article147904505/Zufriedenheit-und-Gehalt-Die-Wahrheit-ueber-Glueck.html

3   Sachwert Magazin ePaper Nr. 5, Mai 2012, Wirtschaft TV, 10.05.2016

4   Ebda.

5   Ebda.

6   Ebda.

Marke: Daniela Katzenberger

1   https://gutezitate.com/zitat/234480

2   Erfolg Magazin, Ausgabe 2-2017, Seiten 36ff.

3   Ebda.

4   Ebda.

Selbstdisziplin: Jürgen Drews

1 Wirtschaft TV, Interview, 27.06.2016

2 https://onlinelibrary.wiley.com/doi/full/10.1111/jopy.12050

3 Wirtschaft TV, Interview, 27.06.2016

4 Ebda.

5 Ebda.

6 https://www.gutzitiert.de/zitat_autor_jean-jacques_rousseau_thema_aufschub_zitat_29385.html

7 https://www.zeit.de/zeit-wissen/2013/02/Psychologie-Gewohnheiten/seite-4

Humor und Sympathie: Eckart von Hirschhausen

1 https://www.aphorismen.de/zitat/189971

2 Marshall McLuhan et al. (2016): Das Medium ist die Message. Tropen Verlag. 4. Auflage

3 Erfolg Magazin, Ausgabe 1-2016, Seiten 62ff.

4 Ebda.

5 https://www.bk-luebeck.eu/zitate-stanhope-earl-of-chesterfield.html

6 Erfolg Magazin, Ausgabe 1-2016, Seiten 62ff.

7 Ebda.

8 https://www.ugr.es/en/about/news/self-defeating-humour-promotes-psychological-well-being-study-reveals

Veränderungen: Harald Glööckler

1 https://www.wiwo.de/erfolg/hirnforschung-lesen-veraendert-das-gehirn/19886030.html

2 Erfolg Magazin, Ausgabe 1-2018, Seiten 42ff.

3 https://www.spektrum.de/news/aengstliche-kinder-haben-vergroesserte-amygdala/1295654

4 Erfolg Magazin, Ausgabe 1-2018, Seiten 42ff.

5 Fuck you, Brain, Plassen, 2017

6 Erfolg Magazin, Ausgabe 1-2018, Seiten 42ff.

7 Ebda.

8 Fuck you, Brain, Plassen, 2017